EXTRAITS

DES

RECHERCHES STATISTIQUES

SUR LA VILLE DE PARIS

ET LE DÉPARTEMENT DE LA SEINE.

PARIS. — IMPRIMERIE DE FAIN, RUE RACINE, N°. 4,
PLACE DE L'ODÉON.

EXTRAITS

DES

RECHERCHES STATISTIQUES

SUR LA VILLE DE PARIS

ET LE DÉPARTEMENT DE LA SEINE;

RECUEIL

DE TABLEAUX DRESSÉS ET RÉUNIS D'APRÈS LES ORDRES DE M. LE
COMTE DE CHABROL, PRÉFET DU DÉPARTEMENT, ETC.;

TIRÉS

DU BULLETIN UNIVERSEL DES SCIENCES ET DE L'INDUSTRIE,
PUBLIÉ SOUS LA DIRECTION DE M. LE Bᵒⁿ DE FÉRUSSAC. PARIS, 1824.

(par Mʳ Benoiston).

A PARIS,

Au Bureau du Bulletin, rue de l'Abbaye, nᵒ. 3 ;
Chez MM. Treuttel et Wurtz, rue de Bourbon, nᵒ. 17; et
même maison de commerce, à Strasbourg, rue des Serruriers;
à Londres, 30, Soho-Square;
Et chez MM. Dufour et d'Ocagne, quai Voltaire, nᵒ. 13; et
à Amsterdam, même maison de commerce.

1824.

EXTRAITS

DES RECHERCHES STATISTIQUES

SUR LA VILLE DE PARIS

ET LE DÉPARTEMENT DE LA SEINE;

RECUEIL

DE TABLEAUX DRESSÉS ET RÉUNIS D'APRÈS LES ORDRES DE M. LE COMTE DE CHABROL, CONSEILLER D'ÉTAT, PRÉFET DU DÉPARTEMENT.

TIRÉS

DU BULLETIN UNIVERSEL DES SCIENCES ET DE L'INDUSTRIE, PUBLIÉ SOUS LA DIRECTION DE M. LE BON. DE FÉRUSSAC. PARIS, 1824.

───────◆───────

AVIS.

L'IMPORTANT ouvrage qui a fourni *ces extraits* ne se trouvant pas dans le commerce (1), on a cru rendre un service aux sciences en en donnant dans le BULLETIN une analyse étendue qui offrit les résultats généraux les plus importans qu'il présente (voyez *Bulletin des Sciences géographiques, statistiques, etc.*, janvier, février et mars 1824.) Ce travail est de M. Benoiston de Châ-

───────────────────────

(1) La première partie de ces *Recherches* a paru en 1821, un volume in-8°. de 112 pages et de 62 tabl. lith. Ce vol. a principalement pour objet la population de la ville de Paris. En tête sont des *Notions sur la Population*, savante exposition théorique des notions fondamentale qu'exige cette importante question : ce mémoire est de M. le Baron Fourier, secrétaire perpétuel de l'académie des sciences de l'institut. On espère que cette première partie sera réimprimée in-4°.

La deuxième partie in-4°. de xxviij p. et 104 tabl. 1823, imp. roy., est spécialement l'objet des extraits ci-joints.

teauneuf, dont les divers écrits sur le même sujet (1) ont vive-
ment excité l'intérêt. On a joint à cet extrait général quelques
analyses exécutées sous des points de vue spéciaux, savoir :
1°. *sous les rapports hygiéniques de naissance et de mortalité*
(voyez le *Bulletin des Sciences médicales*, mai 1824); 2°. *sous*
le rapport des produits agricoles et de leur influence sur l'agricul-
ture française, par M. Cavoleau (voyez le *Bulletin des Sciences*
agricoles, économiques, etc. janvier 1824); 3°. *sous les rapports*
de l'industrie manufacturière (voyez le *Bulletin des Sciences*
technologiques, mai 1824). Enfin nous avons fait suivre ce
petit recueil d'un état exact de la population de Paris pour 1823.

---

(1) M. Benoiston de Châteauneuf a publié deux ouvrages sur ces
matières, l'un intitulé *Recherches sur les consommations de tout genre*
de la ville de Paris en 1817 comparées à ce qu'elles étaient en 1789.
Première partie, *Consommation alimentaire*, in-8°. de 109 p. Paris,
1820. Deuxième partie, *Consommation industrielle*, in-8°. de 168 p. ou
tableaux. Paris, 1821, chez Martinet. L'autre ouvrage qui vient de pa-
raître porte le titre suivant : *Considérations sur les Enfans trouvés*
dans les différens états de l'Europe, in-8°. de 106 p. et 2 tabl. Paris,
1824, chez Martinet.

RECHERCHES STATISTIQUES SUR LA VILLE DE PARIS et le département de la Seine; recueil des tableaux dressés et réunis
d'après les ordres de M. le Cᵗᵉ. de CHABROL, conseiller d'état,
préfet du départ. Un vol. in-4. Paris; 1823; impr. royale.
(Voy. le Bul. de 1823, to. 3, art. 445.)

Ce second volume contient la suite des travaux relatifs à la
statistique du départ. de la Seine, dont le commencement a été
publié en 1821; il ne mérite pas moins que le premier, les élo-
ges de tous ceux qui savent de quelle utilité peuvent être à la
science, ainsi qu'à l'administration, les renseignemens qu'il renferme, et dont presque tous voient le jour pour la première fois.

Ce volume se compose, comme le premier, d'une introduction
où l'on développe le plan que l'on a dû suivre dans les recherches; d'une énumération des différens objets qui en feront suc-
cessivement partie; d'un mémoire sur la population de la capitale depuis la fin du 17ᵉ. siècle, mémoire où l'on reconnaît à la
clarté du style, ainsi qu'à la justesse, à la finesse des aperçus, le
savant académicien qui en est l'auteur; enfin d'un autre mémoire
présenté par M. de Chabrol, au conseil général du département,
sur un projet d'alignement des rues de la capitale, objet d'utilité publique, aussi bien traité qu'il est important; enfin de tableaux au nombre de 104, sur la météorologie de la capitale,
sur le système de navigation du fleuve qui la traverse, sur le
nombre de ses maisons, leur valeur, leur durée, les incendies
qui les détruisent, etc., sur les principaux objets de son industrie, de ses exportations, les droits, les contributions qu'elle
acquitte, les prêts du mont de piété, etc., etc.

L'ensemble de ces tableaux et des renseignemens qu'ils donnent, présente quelque chose de si complet, la masse de faits
qu'on y trouve forme un ensemble si imposant, est d'un intérèt
si vif, que nous n'hésitons pas, nous qui nous sommes occupés
de ces mêmes matières, à affirmer que cet ouvrage laisse bien
loin derrière lui tout ce qu'on a publié de plus récent à cet
égard sur la capitale, et qu'il est le seul que l'on puisse consul-
ter avec fruit pour la bien connaître. Il est digne d'être offert
comme modèle aux autres préfets qui voudront donner de leur
département une statistique complète; et ce monument élevé à
la ville de Paris, sous les yeux et par les ordres de M. de Chabrol, est, parmi beaucoup d'autres, un des titres les plus dura-

bles sur lesquels il puisse fonder le souvenir de son administration, comme la reconnaissance de ses administrés.

Pour ne pas détruire par quelques citations détachées l'intérêt qui naît de l'ensemble de ces nombreux tableaux, nous nous
sommes décidés à en recomposer avec les plus importans, un seul
et nouveau qui présentât aux yeux du lecteur l'expression numé-
rique ou le fait résultant de chacun d'eux. Nous ne dissimulons
pas que ce travail nous a coûté beaucoup de peines et de temps;
mais nous avons cru que c'était le seul moyen qui convînt au
Bulletin universel des sciences, pour faire connaître comme il le
mérite cet important ouvrage: comme on l'a d'ailleurs tiré à fort
peu d'exemplaires, et qu'il n'est point destiné à être vendu, l'a-
nalyse exacte que nous allons en faire, pourra tenir lieu du livre
lui-même.

Nous suivrons la même division dans les chapitres, que l'ha-
bile rédacteur de ces tableaux a suivie lui-même.

Chapitre Ier. Topographie. — Art. Ier. Météorologie. Tableaux 1, 2, 3, 4.

Le plus haut degré de température, depuis 19 années,
commençant en 1803 et finissant en 1821, a été 19°. 34 (therm.
cent.) Elle a été observée du 10 au 29 juillet.

Le plus bas a été de 1° 77, et il tombe du 3 au 22 janvier.

La chaleur moyenne de l'année a été pour ces 19 ans, de 10° 55.

Le minimum de la chaleur se rapproche sensiblement du sol-
stice d'hiver.

La plus grande élévation du baromètre de 1819 à 1821, a
été de 780° 82; la moindre de 712° 12.

La plus grande quantité d'eau tombée pendant les mêmes 3
années, de 689 millim.

Le nombre des jours de pluie, de 472 (c'est plus d'une année
sur 3); des jours de brouillards, de 571.

Le nombre où les vents de nord-ouest, ouest, et sud-ouest ont
soufflé, de 556.

Art. II. États des eaux. Tableaux nos. 5, 6, 7, 8, 9.

La plus grande hauteur de la rivière a été de 1819 à 1821, de
5 m. 50 cent., le 28 déc. 1819 (1).

Les eaux ou établissemens qui fournissent de l'eau aux habi-

(1) Au-dessus du o du pont de la Tournelle.

lans de Paris, sont : le canal de l'Ourcq, 115,171 hectol., 80; les sources des Prés-St.-Gervais 1727 hectol., 58; id. de Belleville et de Ménil-Montant, 1161 hectol., 72; l'aqueduc d'Arcueil, 9597 hectol., 65. — Eaux de la Seine. La pompe Notre-Dame, 9307 hectol., 80 ; id. à feu de Chaillot, 41653 hectol., 80; idem du Gros-Caillou, 13436 hectol., 71; la pompe épuratoire du quai de l'École, 191 hectol., 95; id. du quai des Ormes, 575 hect., 85; id. des Miramiones, 191 hect., 95; le manége à bras, quai de l'Hôpital, 191 hectol., 95; l'établissement d'eau filtrée, quai des Célestins 2,000 hectol. , 00. Total, 195,198, 76 hectol.

Dans l'état actuel, chaque habitant peut disposer de 27 litres. Il en aura 117 après l'achèvement du canal de l'Ourcq.

Toutes les eaux sont distribuées dans Paris par 65 fontaines, et 124 bornes-fontaines.

D'après l'analyse qui en a été faite, on a trouvé que les qualités relatives de ces eaux, sous le rapport de l'usage domestique et de la pureté, pouvaient être rangées dans l'ordre suivant: — Matière étrangère. Seine avant la Bièvre (no. 1), 2,791 gr.; Seine, au-dessous de Paris, 2,921 gr.; — composant le canal de l'Ourcq. Ourcq, 0,208 gr.; Collinance, 0,095 gr.; Gergogne, 0,223; Thérouenne, 0,541; Beuvronne puisée à Claye, 1,275 gr.; canal de l'Ourcq (2), 0,417; Beuvronne, prise à Paris, 1,885 ; aquéduc d'Arcueil, prise à l'Institut (3), 1,646; sources des Près-St.-Gervais (4), 6,647 gr.; sources de Belleville et de Ménil-Montant, prises au regard de St.-Maure (5), 3,518; Bièvre avant Paris, 1,638.

On voit par ce tableau, que l'eau de la Seine est la plus pure de toutes celles que l'on boit à Paris.

Art. III. *Navigation du départ. de la Seine. Tableaux* 10, 11, 12, 13, 14, 15, 16, 17, 18, 19 et 20.

La Seine traverse le département auquel elle donne son nom sur une longueur de 24000 mèt. (12000 t. environ); sa largeur moyenne, dans ce trajet, est de 140 mèt. ou 70 t. Elle est traversée par 18 ponts et 5 bacs; elle coule entre 33 quais.

Son trajet dans Paris, de Bercy à Chaillot, est de 8000 mèt. ou 4000 t. de longueur, et sa largeur moyenne de 120 mèt. ou 60 t. Sa plus grande largeur est au Pont-Neuf, la moindre au pont de l'île Louviers.

Sa pente moyenne est d'un mèt. du pont de la Tournelle au

pont de Louis XVI. Sa vitesse par seconde, depuis 1 mèt. o3, jusqu'à 1 mèt. 91.

Ce fleuve amène annuellement à Paris 12 à 13000 bateaux de toute espèce, parmi lesquels on en compte 22 à vapeur, 11000 environ viennent de la haute Seine, et 1000 de la basse Seine. Il en sort environ 1000 de Paris.

9 Ports et 53 places de vente servent au déchargement de ces bateaux, dont on déchire annuellement 3500 appelés Toues.

On estime que 1900 bateaux traverseront le canal de l'Ourq par an, et représenteront 3800 voyages.

Les marchandises apportées par la Seine à Paris, sont des fruits, des blés et farines, des fers, tuiles, briques, vins, eaux-de-vie, tonneaux, chanvres, cordages, pavés, verrerie, sel, cidre, épiceries, denrées coloniales, bois de chauffage amenés ou par des bateaux ou par 2134 trains, et enfin 500,000 livres de poissons d'eau douce, fournis en grande partie par la haute Loire.

Art. IV. *Hauteurs de différens points du département de la Seine au-dessus du o du pont de la Tournelle et du niveau de la mer. Tabl.* 12 — 22.

Le Mont-Valérien et Montmartre sont les deux points les plus élevés des environs de Paris. Le premier est à 408 pieds (136 mèt.) au-dessus du o du pont de la Tournelle, et à 507 p. (169 mèt.) du niveau de la mer. Le 2e. à 315 p. (105 mèt.) du niveau de la Seine, et à 414 (138 mèt.) de celui de l'Océan.

Les points où le sol de Paris est le moins élevé, sont la place du Palais-Bourbon, (18 p. au-dessus des eaux de la Seine, 117 p. au-dessus de la mer); le sol des Champs-Élysées (18 p. —114 p.), et la barrière des Bons-Hommes (12 p. — 111 p.)

Les plus élevés de l'intérieur de la ville sont l'Observatoire (99 p. —198 p.), et la butte Ste.-Hyacinte (101 p. —200 p.)

CHAPITRE II. *Population, tableaux* 23 à 55.

	Mâles.	Femelles.	Total.
Les naissances ont été pour 1819.	12412	11940	24352
pour 1820.	12653	12205	24858
pour 1821.	12860	12296	25156
Total des trois années	37925	36441	74366

Les mariages pour 1819, 6246; 1820, 5877; 1821, 6465.

	Mâles.	Femelles.	Total.
Les décès pour 1819.	11050	11621	22671
pour 1820.	10780	11684	22464
pour 1821.	11401	11516	22917
Total des trois années.	33231	34821	68052.

Excédant des naissances sur ces décès pendant ces 3 années, 6314.

La mortalité se distribue entre tous les mois de l'année, dans l'ordre suivant, en commençant par le plus fort et allant toujours en diminuant jusqu'au plus faible.

Avril *maximum*, mars, février, mai, janvier, décembre, juin, septembre, octobre, novembre, août, *minimum*.

Les enfans naturels forment le tiers des naissances ; et parmi eux ceux qui sont reconnus, le tiers également. Le nombre des premiers est pour les trois années de 24574, celui des seconds de 7689. Le 12e. arrondissement (les faubourgs Saint-Jacques, Saint-Marceau, Observatoire, Jardin du Roi) en donne le plus, et le 1er. (Tuileries, Champs-Élysées, Roule) le moins.

L'extrême inégalité de population entre ces deux arrondissemens (le 1er. a 52,000 habitans, et le 12e. 80,000) explique cette différence.

Celui des morts-nés se monte pour 1819 à 1346; pour 1820 à 1337; pour 1821 à 1414. Total 4,097 ou le 18e. des naissances.

On voit que les causes éventuelles qui font périr un enfant dans le sein de sa mère, se renferment dans des limites qui sont à peu près les mêmes pour chaque année. Le 12e, arrondissement de Paris (les faubourgs Saint-Jacques et Saint-Marceau) est celui où l'on compte le plus de morts-nés, et le 3e. (faubourgs Poissonnière, Mont-Martre, Saint-Eustache et Mail, celui où il y en a le moins; mais il faut se ressouvenir que l'hospice de la Maternité fait partie du 12e. arrondissement.

De 1819 à 1820 il y a eu 732 décès causés par la petite vérole, et 2,944 vaccinations ou le 25e. des naissances. C'est bien peu, surtout quand on pense que ces vaccinations sont gratuites.

Au reste, si l'on remonte au commencement du 18e. siècle, et qu'on en partage les années jusqu'au 19e. en fractions de vingt chacune, on voit que les naissances, les décès et les mariages ont été dans la progression suivante :

Années.	Naissances.	Enfans trouvés.	Décès	Mariages.
1710 à 1729	17,948	1895	17,674	4246
1730 à 1749	18,692	2982	19,115	4167
1750 à 1769	19,061	5033	19,118	4436
1770 à 1789	19,906	6208	19,335	5084
1790 à 1809	20,956	4205	21,536	5291

On a vu que les naissances illégitimes forment le tiers de celles qui ont eu lieu depuis trois ans. La proportion des naissances par mariage est donc de 2. 6. C'est une *fécondité bien faible* pour une ville où tant de gens croient que la vie est si heureuse et si facile. On a remarqué qu'elle était bien plus forte il y a un siècle, mais l'augmentation des mariages établit peut-être une compensation.

Les morts violentes, volontaires ou accidentelles, ont été

	Mâles.	Femelles.	
Pour 1819	449	156	605
1820	489	228	717
1821	480	177	657
		Total général...	1979

dont 45 écrasés, 10 assassinés et 7 suppliciés.

Les suicides se sont montés dans le département, pour les mêmes années,

	Hommes.	Femmes.	
en 1819, à	250	126	376
1820, à	211	114	325
1821, à	236	112	348
		Total général...	1049

dont 511 mariés.

Le genre de mort le plus commun a été la submersion, le plus rare le poison, la cause la plus fréquente les chagrins domestiques, d'où naît le dégoût de la vie (349 sur 1049); le mois d'avril est celui de tous où les suicides sont le plus nombreux, comme il est aussi, avec le mois de mars, celui où l'on compte le plus de décès. Il eût été à désirer que les tableaux eussent indiqué dans une note le nombre de suicides particuliers à la ville de Paris.

CHAPITRE III. — *Secours publics.* — Tableaux 56 , 57. — Art. 1er.
Hôpitaux et hospices.

Il existe dans Paris quatorze hôpitaux et huit hospices , qui
renferment environ 61,500 malades et valides, et qui coûtent
annuellement 6,692,000 francs.

Le nombre de malades reçus chaque année dans les premiers
de ces établissemens (les hôpitaux), est de 42,500; celui des
infirmes qui habitent les seconds (les hospices), de 18,500.

Par rapport à la population de la capitale, c'est un malade sur
16 , et un infirme sur 38.

La mortalité moyenne des hôpitaux est d'un sur 7,68, celle
des hospices d'un sur 6,45. Le prix moyen de la journée de malade ou d'infirme de 1 franc 15 centimes, et le revenu actuel
de 9,742,000 francs, dont près de 4,000,000 sont en rentes ou
en locations ; le reste provient de l'octroi de Paris , et de fonds
affectés par le département à ce service.

Art. II. — *Bureaux de charité.* — Tableaux 58 , 59 , 60 , 61.

Douze bureaux de charité , un par arrondissement, sont char-
gés des secours à domicile. Ces secours sont ou en nature,
comme pain, viande , légumes, bois, habits , linge, couvertures,
layettes, etc., ou bien en argent. Ils sont aidés dans ces nobles
fonctions par un nombre indéterminé de dames qui, sous le
nom de *Dames de charité*, se répartissent entre elles les pauvres
de leur arrondissement, en tiennent une liste exacte , les visitent
souvent, les consolent toujours; c'est de leurs mains que les indigens reçoivent une grande partie des secours des bureaux de
charité, secours auxquels elles ajoutent bien souvent leurs propres
aumônes ; et c'est aux bureaux qu'elles remettent le produit des
quêtes qu'elles se chargent de faire dans l'arrondissement une ou
deux fois par an, tâche pénible que leur zèle accepte, et que leur
adroite patience remplit avec succès: 86,870 individus, composant 37,540 familles, participent à ces distributions dans les douze
arrondissemens de Paris. Comme la population , ainsi que les ri-
chesses, se trouvent très-inégalement réparties entre ces arrondissemens, nous avons pensé qu'il serait intéressant d'en présenter le tableau, ainsi que celui du nombre des indigens , et le
rapport dans lequel ils se trouvent avec la population respective
de chaque quartier. Nous nous sommes servis, pour ce travail,

du tableau n°. 4, du 1er. volume de ces recherches, publié en 1821 (1).

Arrondissemens.	Population.	Indigens.	Rapport avec la popul.
1er.	52,421	3,642	1 sur 14,3
2e.	65,523	4,549	14,4
3e.	44,932	4,230	10,6
4e.	46,624	4,020	11,5
5e.	56,871	5,825	9,7
6e.	72,682	7,973	9,1
7e.	56,245	4,758	11,8
8e.	62,758	12,689	4,9
9e.	42,932	9,784	4,3
10e.	81,133	8,880	9,1
11e.	51,766	6,803	7,6
12e.	80,079	13,707	5,8
	713,966	86,870	8,2

La somme des secours en argent distribués par les douze bureaux de charité est 1,200,000 francs, sur lesquels il faut prélever 50,000 francs pour les frais de bureau; c'est le vingt-quatrième. Parmi ceux délivrés en nature, on compte 747,000 pains de quatre livres, 270,000 livres de viande, 19,000 aunes de toile pour chemises et draps, 7,000 paires de sabots, 1500 couvertures, etc.

Mais les bureaux de charité ne forment qu'une partie des institutions de bienfaisance de la capitale. Nous allons en mettre l'ensemble complet sous les yeux de nos lecteurs.

Indépendamment des quatorze hôpitaux de Paris, où 42,500 malades environ sont reçus chaque année (il en sort à peu près 40,000 guéris), et de huit hospices habités par 1800 valides, d'autres asiles encore s'ouvrent à l'indigence.

1°. L'hospice de la clinique de l'École de Médecine reçoit par an 400 malades;

2°. Celui de la clinique de la Charité 400;

3°. L'hospice royal des Aveugles (Quinze-Vingts) 300;

4°. L'Institution royale des Jeunes Aveugles 90;

5°. L'Institution royale des Sourds-Muets 90;

(1) On peut prendre aussi le tableau n°. 44 du même recueil, où la population moins forte donne un rapport plus grand.

6°. Des pensions représentatives de l'admission dans les hospices sont données à 400 personnes;

7°. Un établissement de filature procure de l'ouvrage à environ 2,600 personnes;

8°. La Société maternelle, présidée par Madame la duchesse d'Angoulême, et composée de 38 dames, secourt chaque année 6000 femmes;

9°. L'hospice des Enfans-Trouvés en recueille annuellement 5000;

10°. L'administration des hôpitaux en entretient à la campagne 12,300;

11°. Un bureau de placement, chargé spécialement de mettre en apprentissage les enfans orphelins en place, 1760;

12°. L'hospice de la vaccine reçoit 160 enfans;

13°. Quatre-vingts écoles de charité, vingt écoles primaires, onze congregations religieuses, et dix-neuf écoles d'enseignement mutuel, instruisent gratuitement 15 à 16,000 enfans.

La Société Philanthropique entretient six dispensaires, où sont traités, année commune, 1400 malades.

Total des indigens secourus à domicile ou autrement. 125,500
Population des hôpitaux et hospices. 61,500
$$\overline{}$$
187,000(1).

Outre ces secours, 5,000 bains sont donnés gratuitement à l'hôpital Saint-Louis.

La Société Philanthropique distribue annuellement trois à quatre cent mille soupes économiques dites *à la Rumfort;* et les dispensaires, ainsi que les principaux hôpitaux de la capitale, donnent vingt à vingt-cinq mille consultations gratuites.

Enfin MM. les curés de Paris distribuent aussi de leur côté des aumônes nombreuses qu'une charité, d'autant plus méritante qu'elle veut demeurer inconnue, laisse chaque jour dans leurs mains. On ne peut en savoir le montant; mais, d'après le rapport du conseil général des hôpitaux (année 1821), cette administration contribue, dans les secours donnés à la population indigente de la capitale, pour une somme de 3,300,000 francs, dont les enfans trouvés absorbent le tiers.

---

(1) On sent assez, sans qu'il soit besoin de le dire, qu'il y a dans ce nombre beaucoup de doubles emplois.

Il est pénible de terminer cette énumération des secours donnés aux indigens de la capitale, par l'observation que ses rues,
ses quais et ses places publiques sont remplis de mendians.

Art. III. — *Mont-de-Piété.*—Tableaux 62, 63.

De 1815 à 1821, c'est-à-dire dans l'espace de six ans, le total
des engagemens ou des prêts, faits par le Mont-de-Piété, s'est
monté à 125,921,439 francs, et le nombre des articles mis en
gage pour cette effrayante somme a été de 7,250,477.

Le terme moyen des six années seulement (la présence des
armées étrangères devant faire exclure 1815), est de 18,000,000,
et celui des articles, de 1,000,000; mais il n'est pas inutile d'en
faire connaître la progression, qui disparaît dans un rapport .
moyen. La voici : 1815, 853,624; — 1816, 999,695; — 1817,
1,092,594; — 1818, 1,041,560; — 1819, 1,055,898; — 1820,
1,095,686; — 1821, 1,111,420. — Total 7,250,477.

Les dégagemens ont été, pour les mêmes sept années, de
92,715,400 francs, ou 13,000,000 par an; ainsi plus des deux
tiers des objets engagés sont retirés.

Le terme moyen des prêts sur bijoux, diamans, argenterie,
cachemires, sur les objets de luxe enfin, est de 40 francs, ce qui
prouve quelle énorme quantité de ces objets est mise en gage,
et leur peu de valeur en même temps, qui fait descendre si bas
le prêt moyen.

Celui qui est fait sur le linge, les hardes, la perkale, les mous-
selines en pièces, les armes, les tapis, les meubles, est de 6 francs.
· Enfin la valeur moyenne d'un prêt en général est de 16 francs
20 centimes. Aussi, comme le remarque très-bien le judicieux
rédacteur de ces tableaux, l'abaissement du terme moyen des
prêts sur tous les objets engagés, démontre que les secours sont
donnés pour la plus grande partie, à la classe la moins fortunée.

CHAPITRE IV. — *Police administrative.* — Tableaux 64, 65, 66.

Les trois tableaux qui composent ce chapitre montrent que,
pendant les années 1819, 1820 et 1821, 851 personnes se sont
noyées dans le département. Sur ce nombre, 348 se sont jetées
à l'eau volontairement, et 503 y sont tombées par accident.

Les morts volontaires se répartissent entre les trois années,
de la manière suivante : 1819, 121.—1820, 110. — 1821, 116.

Il y a quelque chose de mystérieux dans cette distribution presque égale d'un même effet produit par tant de causes.

Sur les 851 noyés, 667 n'étaient plus susceptibles d'être secourus, quand on les a retirés; et, sur les 184 qui ont pu en revenir, 165 ont été rendus à la vie. Ce résultat console l'humanité et fait honneur à l'administration.

Art. IV. -- *Incendies, feux de cheminées.* — Tableau 67.

Les secours que l'administration tient préparés en tout temps contre les incendies qui peuvent arriver dans la capitale sont: d'abord, un corps de sapeurs-pompiers, composé de 636 hommes, soumis à la tenue ainsi qu'à la discipline militaire, distribués en 40 corps-de-garde, et qui se rendent, à la moindre alerte, sur le lieu du danger.

Ce corps a à sa disposition 73 pompes, 52 tonneaux, 270 seaux et 194 échelles. Des dépôts de ces objets sont en outre mis en réserve dans les principaux établissemens publics et particuliers de Paris, tels que la Poste, la Banque, la Trésorerie, le Mont-de-Piété, l'Hôtel-de-Ville, les douze mairies, la Halle aux vins, les Abattoirs, les Salles de spectacles, etc.

Les porteurs d'eau à tonneau, au nombre de 1,338, sont en outre tenus de garder leurs tonneaux pleins d'eau pendant la nuit, et de se rendre, en cas d'incendie, sur le lieu où le feu s'est manifesté. Une prime est accordée au premier qui y arrive.

Enfin, depuis quelques années, six compagnies d'assurance se sont formées dans le département de la Seine. Celle désignée sous le nom de Compagnie d'assurance mutuelle a pour 660,000,000 de valeurs engagées.

De 1803 à 1820, le nombre des feux de cheminées a été de 12,705 et celui des incendies de 2,616. Total, 15,321, dont la moyenne annuelle est de 585. D'après ce calcul, en 17 ans le feu prend par an à 2 maisons sur 100 (on en compte 26,800 dans Paris), et la probabilité d'un incendie par chaque ménage sur mille est de 2,60 (il y en a 224,922), aussi par an.

La valeur moyenne des sinistres est estimée, pour chaque année, à un vingt-trois millième de la valeur totale des propriétés.

CHAPITRE V. — *Agriculture.* — Tabl. 68-71.

40,000 arpens environ (19,160 hect.) sont ensemencés chaque année dans le département de la Seine, et se distribuent entre les

différens genres de culture, ainsi qu'il suit : Blé, 9,400 arpens;
seigle, 7000; avoine, 10,900; pommes-de-terre, 3,000. Le reste
est consacré à des cultures moins importantes, telles que l'orge,
le sarrasin, pois, haricots, etc.

Les terres rapportent en tout six fois la semence en blé, 5
fois en seigle, et 7 fois en avoine. En 1817, l'avoine rendit jusqu'à 10 et 12 grains pour un dans l'arrondissement de Saint-
Denis, et 8 seulement dans celui de Sceaux. Une des raisons
qui engagent les cultivateurs des environs de Paris à semer ce
grain de préférence sur leurs terres est sans doute la forte demande que le nombre des chevaux nourris dans la capitale en
entretient, et dès-lors son débit assuré. Au reste, il est remar-
quable que depuis plusieurs années, la culture des pommes-de-
terre soit bien plus répandue dans l'arrondissement de Saint-
Denis que dans celui de Sceaux. Le premier consacre, année commune, sur quatre (V. les tableaux 48, 49 et 50 du 1er. vol. de
ces Recherches, 1817), 2600 arpens (1300 hect.) à cette plante,
tandis que le second n'en emploie guère que 900 (400 hect.);
mais la culture de l'avoine occupe à peu près le même nombre
d'arpens dans les deux cantons ruraux.

On aurait désiré que l'exact rédacteur de ces tableaux eût
donné quelques renseignemens sur la culture de ces terrains
connus sous le nom de marais, qui entourent Paris d'une cein-
ture de verdure en été comme en hiver, et qui fournissent à ses
habitans une grande partie des légumes qu'ils consomment. Les
marais, dont la superficie totale représente une étendue de ter-
rain de 1200 arpens environ, sont entretenus dans un tel état de
rapport continuel, au moyen des engrais et des irrigations,
que leur culture ne permet pas plus de point de comparaison
que leur fertilité. Il n'est pas rare de voir dans les jardins pota-
gers telle planche qui donne, par an, quatre, cinq, et même jusqu'à six récoltes différentes; mais aussi le prix d'un arpent de ces
marais est-il en raison de leur étonnante fécondité.

CHAPITRE VI. — *Consommations.* — Tabl. 72-76.

Nous avons sous les yeux le tableau des consommations de la
capitale depuis douze ans, de 1809 à 1821, et la première réflexion
que sa vue fait naitre, c'est l'espèce de fixité qui les maintient, depuis cette époque, dans des limites tellement invariables, que les

nombres des quantités d'une année, prise au hasard, se retrouvent, à peu de chose près, les mêmes dans quelques-unes des autres années; à l'exception du vin, qui semble être entré dans Paris en plus grande quantité; ce qui donnerait à penser que, si la population de Paris augmente comme on n'en saurait guère douter, elle n'en est pas mieux nourrie pour cela. La moyenne des bœufs se soutient toujours à 70,000 par an; celle des veaux à 75 ou 76; les moutons demeurent aussi dans les mêmes proportions. La quantité des porcs seule s'accroît toujours, et il est probable qu'il en sera de même tant que durera le haut prix de la viande de boucherie.

D'après un calcul rigoureux auquel s'est livré le rédacteur des tableaux, calcul établi sur le prix moyen des bestiaux déduit des mercuriales des marchés de Sceaux et de Poissy (Tabl. 74), la livre de viande (du bœuf) ne revient pas aux bouchers à plus de 9 ou 10 sous et demi. Ils la vendent 14 et 15 sous; l'on peut juger du bénéfice énorme qu'ils retirent de leur commerce. L'année dernière la voix d'un honorable député (M. Humblot-Conté) avait déjà signalé du haut de la tribune cet abus du monopole. Ses calculs avaient été reconnus justes, et cependant rien n'a changé. Il semble, à voir les prix de toutes choses, et la richesse des objets que l'industrie se plaît à étaler chaque jour, que le peuple Français soit un peuple de princes ou de financiers. Quand donc voudra-t-on réfléchir que les petites fortunes sont les plus nombreuses, et s'occuper un peu de leur aisance? Et nous aussi nous pensons comme le prince qui nous gouverne; il n'y a d'industrie véritablement bonne, véritablement utile, que celle dont les produits sont beaux, bons et à un prix raisonnable.

Il est presque inutile de faire remarquer que tous les objets propres à la construction des maisons, tels que les bois de charpente, la chaux, le plâtre, etc., ont éprouvé depuis trois ans une progression considérable dans leur quantité. De 1819 à 1821, le plâtre a été porté de 1,200,000 hectol. à 1,700,000. 1,500,000 briques de plus ont été employées, ainsi que 700,000 tuiles et 2,000,000 de carreaux de terre cuite.

Quant au foin et à la paille, les quantités ont à peine varié; l'avoine seulement a subi une légère augmentation. Il faut en conclure que le nombre des chevaux ne s'est pas accru dans la capitale en raison du nombre de ses habitans; et, s'il est en effet

devenu plus grand, tout porte à croire que la classe des indus-
trieux s'est beaucoup plus étendue que celle des riches.

Avant de terminer ce chapitre, n'oublions pas de dire qu'on
trouve dans un de ses tableaux (n°. 73) les variations du prix du
pain à Paris depuis vingt ans; tableau d'un grand intérêt, qui
montre tout à la fois l'inclémence des saisons et la fausse route
qu'a suivie trop long-temps l'administration; mais, s'il faut la blâ-
mer de s'y être égarée, il faut la louer aussi d'être revenue de son
erreur, et d'avoir senti que la seule règle à suivre dans le prix du
pain, comme dans toutes les autres denrées, est le taux du
marché; que le peuple le paie sans murmure un prix même
élevé (nous ne parlons point ici des temps d'extrême disette; ces
cas rares sont hors des mesures ordinaires), quand il sait que ce
prix est l'effet des intempéries, et non le calcul de l'autorité; et
plus alors il accuse le ciel, moins il s'en prend à ceux qui le gou-
vernent, certain qu'il est que la cherté cessera avec les causes qui
l'ont fait naître.

Depuis vingt ans, le prix moyen du pain de quatre livres est
de quatorze sous, ce qui met la livre à trois sous et demi. Ce prix
est trop cher; au moment où nous écrivons, il est de onze
sous. On ne fait pas assez attention à l'effet que produit dans les
petites fortunes, dans le gain annuel de l'artisan, la diminution
ou l'augmentation d'un sou par livre du pain qui le nourrit. En
admettant qu'il existe dans Paris 500,000 consommateurs de ce
genre, et cette supposition n'a rien d'exagéré, un sou par jour
dans leur dépense fait 9,000,000 par an que leur coûte de plus
l'aliment dont il est impossible qu'ils se passent. 9,000,000
prélevés sur la misère et le travail !

CHAPITRE VII. — Tableau 81.

Le nombre de boutiques où l'on vend des alimens de
toute espèce est, à Paris, de 9761, sur 36 ou 40,000, dont
les principales sont occupées par 2333 marchands de vin,
560 boulangers, 355 bouchers, 265 charcutiers, 927 restaurateurs, traiteurs, gargottiers; 325 pâtissiers, 787 limona-
diers, 1466 épiciers en détail, 1767 fruitiers, 416 marchands
d'eau-de-vie en détail, etc. C'est dans le 6e. et le 2e. arrondissement (le Temple, la Porte Saint-Denis, le quartier des
Lombards et Saint-Martin-des-Champs; Feydeau, le Palais-
Royal, la Chaussée-d'Antin) qu'il y a le plus de restaurateurs; et

dans le 2ᵉ. et le 12ᵉ. (les faubourgs Saint-Jacques et Saint-Marceau) qu'il y a le plus de marchands de vin et d'eau-de-vie en détail; mais c'est dans le 2ᵉ. aussi qu'il y a le plus de confiseurs. Ces détails montrent mieux que tout ce qu'on en pourrait dire la différence de mœurs des habitans des quartiers opposés.

Il faut, pour compléter cette énumération, y ajouter 326 nourrisseurs de bestiaux qui vendent du lait, 1750 laitières, et 3000 marchandes environ ayant des places abritées dans les halles et marchés.

Industrie, Commerce, Manufactures.

Nous nous sommes permis d'intervertir ici l'ordre des tableaux en mettant à la fin ceux qui sont au commencement; en effet, il nous a semblé que l'état des exportations de la capitale, ainsi que le nombre des faillites et des jugemens de commerce, n'étant que la conséquence de ce qui précède dans les autres tables, il était plus naturel de terminer ce chapitre par cette espèce de renseignemens qui en est comme le résumé.

Raffineries de sucre.—Tabl. 82.

25 Raffineries, dont 19 à Paris, 4 à Choisy, Mont-Rouge, Vaugirard et Bercy, 2 à Mignaux et Villeneuve St.-Georges, occupent 598 ouvriers, et versent dans le commerce 20 millions 200 mille livres de sucre raffiné; produit de 28 millions de livres de sucre brut, et de 5 millions 400 mille livres de sucre terré.

Outre ce premier produit (le sucre en pain) représentant une
somme de . . . . 28,000,000 fr.
on retire encore du raffinage 5 millions de
livres de vergeoises valant. 3,200,000
7 millions de livres de mélasse valant . . . 1,500,000
                                            _____
                                            32,700,000

On estime que ces raffineries emploient 3 millions 205,000 liv. de charbon animal, 302,000 liv. de charbon fossile, 5,544 barils de sang de bœuf, 1 million d'œufs, 950 liv. de papier, 662,000 pièces de poterie, et 331,000 pièces en ustensiles de cuivre.

Soieries. — Tabl. 83.

65 Établissemens, dont 28 à Paris, et le reste situé partie à Paris et partie en Picardie, d'où les ouvrages, d'abord ébauchés, sont ensuite totalement perfectionnés dans la capitale, emploient,

2

année commune, 24,208 liv. (12,109 k.) de soie de France à
  40 fr. la livre . . . . 963,208 fr.
  10,222 liv. de soie de Piémont (5,111 k) à 45 fr.
    la livre 459,990
  247,600 liv. (128,800 k.) de mérinos à 25 fr. 322,000
                                      4,638,310 fr.

Les établissemens de Paris font battre 811 métiers (ceux de Picardie 1843) et occupent 3,800 ouvriers (8197 en Picardie) qui coûtent 1,653,500 fr.

Des 65 établissemens, huit seulement travaillent le cachemire à la manière de l'Inde.

La vente totale de ces manufactures est estimée se monter à 15,271,000 fr.

Filatures de coton. — Tableau 84.

67 Filatures faisant tourner 150,000 broches, et occupant 10,550 ouvriers, dévident 1,500,000 liv. de coton, représentant à 2 f. 50 c. la livre, 3,750,000 fr.

Ces 150,000 broches filent 60 millions d'écheveaux, et peuvent même en donner 90,000,000 par an, quand on accélère leur mouvement jusqu'à 1,260 tours par 12 h. de travail, au lieu de 790, terme moyen ordinaire.

370,000 livres de coton servent au débit de 310 bonnetiers, et donnent 1,480,000 paires de bas, valant à 2 f. 48 c. 3,670,400 f.

Le reste est converti en tissus, et compose une quantité de 226,000 pièces, qui alimentent la vente de 44 fabricans, et produisaient une somme de 8,258,000 fr. il y a quelques années (en 1813); mais les prix étant diminués d'un tiers, aujourd'hui la consommation de la bonneterie et des tissus de coton ne représente plus qu'une valeur de 8 millions, au lieu de 12,000,000.

Matières d'or et d'argent.—Tabl. 85.

1247 Fabricans, parmi lesquels on doit compter avant tout 630 bijoutiers, 60 joailliers, 85 orfèvres, etc., emploient dans leurs travaux, des matières d'or et d'argent pour une somme de 14,552,000 fr. ainsi répartie : or, 8,250 marcs, à 721 fr. le marc, 5,332,000 fr.; — argent, 162,000 m. à 52 fr., 18,000 m. à 44 fr. 25 c.; 180,000 m. 9,220,000 : total 14,552,000 fr.

La main-d'œuvre ajoute à cette première somme une valeur de 7,246,000 fr. pour l'or, et de 5,594,000 fr. pour l'argent,

ce qui donne un total de 27,394,000 fr. pour cette branche d'industrie, à laquelle travaillent 7 à 8,000 ouvriers.

La dernière recense des ouvrages d'or et d'argent, faite en
1819 dans Paris et les départemens, a donné 6,474,091 pièces,
valant 64,000,000 francs.

Horlogerie. —Tabl. 86.

On compte dans Paris 520 horlogers occupant environ 2,056
ouvriers et produisant, année moyenne, 80,000 montres en or,
40,000 en argent, et 15,000 pendules, représentant une vente
de 19,765,000 fr.

Bronzes dorés et argentés. — Tabl. 87.

105 Établissemens, faisant travailler 840 ouvriers environ,
emploient 300,000 liv. de cuivre d'Allemagne ou de Suède, autant de fer indigène, et 4,000 mouvemens de pendules, et donnent une fabrication estimée 5,250,000 fr.

Tannerie et hongroierie. — Tabl. 88.

Il y a dans Paris 30 tanneries, où 300 ouvriers environ pré-
parent, année moyenne, 45,000 peaux de bœufs, 4,000 de vaches, 60,000 de veaux, 8000 de cheval et emploient, à cette
opération, 11 millions de livres de tan, 97,000 liv. d'alun, et
1,000 liv. de suif et de sel (moitié de chacun).

Le produit de cette branche de commerce est estimé à
3,726,000 fr., terme moyen.

Le nombre moyen des chevaux vendus dans Paris (tabl. 89)
est de 4,200 par an, sur 37,400 présentés au marché : c'est le
neuvième. Sur ce nombre on en vend la moitié hors d'âge, le
huitième pour selle ou cabriolet, le reste se compose de chevaux de trait.

Dans les choses utiles, mais chères, la production se soutient
dans les limites de la demande et les passe rarement. Aussi le
nombre des chevaux vendus représente-t-il exactement celui des
chevaux morts. Nous venons de voir que la vente moyenne est
de 4,205, l'abattage est de 4,132.

Imprimerie. — Tabl. 91.

80 Imprimeries, occupant 3,000 ouvriers et faisant mouvoir
600 presses, emploient chaque année 280,800 rames de papier,
et donnent une recette de 8,750,000 fr. On estime que dans les
livres imprimés chaque année en France la théologie en repré-

sente le 7e., la jurisprudence le 5e, les sciences et arts le 20e., la politique le 16e., les belles-lettres le 28e., et l'histoire le 24e.

L'imprimerie royale, qui emploie 80 presses, 295 ouvriers et 70 à 80,000 rames de papiers, n'est pas comprise dans ce calcul.

Exportations de Paris. — Tabl. 78—79.

Tout ce que Paris produit est loin de pouvoir être consommé dans son sein. Il en envoie une grande partie à l'étranger; et la somme qu'il en retire se monte chaque année à 45 ou 47 millions. Les principaux objets d'exportations sont les suivans :

Étoffes de soie. . . . . 4,990,000 fr.
Schals, *idem.* 3,890,000
Merceries. 1,480,000
Librairie. 2,580,000
Métaux dorés et argentés. 2,250,000
Draps. 2,200,000
Schals de laine. 1,070,000
Porcelaines. 2,000,000
Modes et fleurs. 2,300,000
Peaux ouvrées. 1,500,000
Horlogerie. 1,500,000
Rubans. 1,200,000
Batistes et linons. 1,180,000
Parfumeries. 930,000
Verrerie, cristaux, glaces. . . . 398,000
Meubles. 650,000
Bonneterie. 600,000
Tabletterie 500,000
Diamans et autres pierres. . . . 500,000
Dentelles de soie. 500,000
Chapeaux de paille. 450,000
Chapeaux de feutre. 300,000
Parapluies en soie. 275,000

Faillites, jugemens de commerce. — Tabl. 77.

Le tribunal de commerce est souvent pour l'industrie, ce que l'hôpital est toujours pour les maisons de jeux. L'un est la conséquence de l'autre. Dix-sept mille trois cents causes sont portées annuellement devant ce tribunal. Sur ce nombre, cinq à six mille sont ord'nairement conciliées; la loi décide du reste, et presque tous les jugemens entraînent la contrainte par corps. Mais il s'en faut bien qu'elle soit mise à exécution contre tous ceux qu'elle atteint. Sur onze mille six cents jugemens levés, environ cinq à six cents débiteurs seulement peuvent être saisis.

Depuis 1815 le terme moyen des faillites est de deux cent neuf. Une soixantaine sont terminées par un concordat ou un contrat d'union; quarante-huit n'ont offert aucune ressource.

Le *maximum* du passif de ces faillites a été en 1819 de sept à six millions.

CHAPITRE HUIT ET DERNIER. — *Finances*, Tabl. 92. — 104. —
Art. Iᵉʳ. *Ventes faites dans Paris depuis dix ans*, Tabl. 92.

Le terme moyen des ventes de toute espèce effectuées dans Paris est pour une année sur dix, de 2041; elles se partagent ainsi: ventes volontaires, 740; après décès, 803; par autorité de justice, 328; par déshérence, 122; au Mont-de-Piété, 48.

Les premières se montent à 3,565,000 fr.; les secondes à 3,312,000 fr.; les troisièmes à 701,000 fr.; les déshérences à 45,000 fr.; enfin celles du Mont-de-Piété à 1,196,000 fr. — Total 8,800,000 fr. en nombre rond.

Les meubles entrent dans cette somme pour 6,000,000; les objets d'art pour 660,000 fr.; les livres pour 500,000 fr. et les fonds de commerce pour 270,000 fr.

Une remarque singulière, et que l'expérience justifie cependant, est que généralement la valeur moyenne d'une vente ne passe pas 4,000 fr., et que le montant d'un mobilier ordinaire peut généralement s'estimer avec certitude à une année de revenu de la personne à laquelle il appartient. La valeur moyenne d'un fonds de commerce mis en vente est de 5,600 fr.

Art. 2. *Contributions*. Tab. 104.

Les contributions de toute espèce que la ville de Paris paie au gouvernement peuvent se placer dans l'ordre suivant:

Domaines.	Enregistrement. 646,190 actes. 11,851,000 fr.	12,031,000 fr.
	Amendes. . . . 7,251 id. . 180,000	
	Hypothèques. . 7,000 id. . représentant	
	133,000,000 de créances.	179,000

A reporter. . . . . 12,210,000 fr.

Report. . . . . 12,210,000 fr.

Timbre.
- Papier de commerce. . . . . 3,000,000 fr.
- Journaux, 45,000 rames ou
  22,500,000 feuilles. 1,100,000
- Papier de musique 400 rames. 9,000
- Livr de commerce, 280 50,000
- Affiches. 700 157,000
- Passe-ports. 93,000
- Ports d'armes. 23,000
- Amendes. 12,000

} 4,444,000

Douanes et sels. 1,408,000
Contributions indirectes, octroi. 19,156,000
Poste aux lettres (le nombre moyen des lettres reçues à
Paris dans un jour est de 18,000 ; celui des lettres
mises à la petite poste de 10,000 ; pour la France et
l'étranger, 28,000 ; le nombre des feuilles périodiques
et semi-périodiques, de 28,000). 4,235,000
Loterie. 6,438,000

Contributions directes.
- Foncière. . . . . 13,811,000 fr.
- Portes et fenêtres. 1,994,000
- Personnelle et mobilière. 7,047,000
- Patentes. 5,175,000

} 28,027,000

Total. . . . . 75,918,000 fr.

Il résulte de ces faits que Paris entre dans les contributions
générales de France, savoir :

Domaines, enregistrement, timbre, hypothèques, pour. . 0,103
Douanes, sels. 0,012
Contributions indirectes. 0,101
Postes aux lettres. 0,180
Loterie. 0,439
Contributions directes. 0,083

Et que chacun de ses habitans paie 106 fr. pour sa part de
tous les impôts, tandis que le reste de la France n'en paie que
27. (Tabl. 104.) C'est le 8e. du revenu moyen d'un habitant de
la capitale calculé sur 900 fr. environ.

Le revenu moyen d'une maison est :

Arrondissemens.	Nombre des maisons.	Revenu moyen de chacune.	Prix d'une location.	Nombre moyen des locataires d'une maison.
Dans le 1er.	1,933	3,124 fr.	497 fr.	6
2e.	2,059	4,779	605	7
3e.	1,346	3,973	425	9
4e.	1,631	2,953	328	9
5e.	1,773	2,165	225	9

6ᵉ.	2,451	2,233	242	9
7ᵉ.	1,947	1,903	217	8
8ᵉ.	2,330	1,301	172	7
9ᵉ.	1,492	1,571	172	9
10ᵉ.	2,472	2,323	285	8
11ᵉ.	2,093	1,948	257	7
12ᵉ.	2,634	955	147	6

La valeur totale des loyers de Paris, est de 59,524000 fr., ce qui donne 89 fr. 37 c. par habitant. Mais s'il est patenté, comme le nombre en est de 36,000 environ, payant 27,300000 fr. de location, la valeur moyenne de son loyer s'élève à 758 fr.

Les locations vacantes sont de 740,000 fr. pour 1820. La valeur moyenne d'une location étant pour les douze arrondissemens de 289, on en compterait 13 sur 1000 de vacantes. C'est le premier arrondissement où il y en a le plus (22 sur 1000), et le quatrième où il y en a le moins, 5 sur 1000.

Le nombre des portes et fenêtres étant en 1821 de 920,238, on a démoli pour différentes causes 34,342 maisons, depuis quinze ans : on en a construit 57,496 dans le même espace de temps.

La moyenne des portes et fenêtres étant de 34 ⅓ environ pour une maison, il s'ensuit que le nombre des maisons construites depuis 15 ans, représente dix fois et demie l'île Saint-Louis, où l'on compte 8,823 portes et fenêtres; mais comme il faut soustraire de ce calcul toutes celles abattues, l'accroissement effectif équivaut seulement à deux fois et un tiers l'île Saint-Louis. C'est l'étendue de deux villes de provinces du troisième ordre; ce rapprochement est un des plus ingénieux d'un ouvrage où il y en a beaucoup. Enfin, le calcul d'une progression géométrique, indique que la durée moyenne d'une maison, peut être évaluée à 310 ans.　　　　　　　　BENOISTON DE CHATEAUNEUF.

RECHERCHES STATISTIQUES SUR LA VILLE DE PARIS ET LE DÉPARTEMENT DE LA SEINE; recueil de tableaux dressés et réunis d'après les ordres de M. le comte de CHABROL, Conseiller d'État, Préfet du département; 1 vol. in-8°., 1821, et 1 vol. in-4°., 1823.

CONSIDÉRATIONS SUR LES NAISSANCES ET LES MORTALITÉS DANS PARIS, par L.-R. VILLERMÉ, D. M. P. Deux mémoires, l'un

publié en 1822 dans les bulletins de la société médicale d'é-
mulation et l'autre lu à l'Académie de médecine en 1824.

Notre intention est de présenter ici quelques-uns des résultats
consignés dans cet important travail et propres à intéresser les
médecins. Plusieurs de nos collaborateurs ont envisagé les données consignées dans les recherches statistiques sous un autre
point de vue.

Nous commencerons par faire connaître *le mouvement de la
population de la ville de Paris , depuis la fin du 17ᵉ. siècle.*

Les premières données sur le mouvement de la population
dans Paris , remontant à l'administration de Colbert, elles sont
précieuses sous plusieurs rapports , mais malheureusement elles
sont incomplètes. Quoiqu'on possède des pièces authentiques
concernant la population de Paris, recueillies depuis 1670 jusqu'en 1821 , ce n'est guère que depuis l'an 1710 que les résultats deviennent comparables; cependant les données antérieures
ont fourni plusieurs documens utiles.

Dans l'intervalle d'un siècle depuis le commencement de 1710
jusqu'au commencement de 1810,

Le nombre total des naissances enregistrées est de   1,931,897
Le nombre des décès est de.   1,935,579

La différence du premier nombre au 2ᵉ. est moindre que la
500ᵉ. partie du premier.

Dans les 20 premières années du siècle à partir de 1710, le
nombre moyen des naissances annuelles était de 18,000; il est
devenu 18,500 dans les 20 années suivantes; il était, 19,000 de
1750 à 1770; 20,000 de 1770 à 1790; et 21,000 de 1790 à
1810.

Le rapport du nombre total des habitans au nombre annuel
des naissances a augmenté d'environ $\frac{1}{8}$ de sa valeur depuis
1700 , en sorte que la population de la capitale, au commencement du 17ᵉ. siècle, n'excédait vraisemblablement pas 530 mille.

Rapport des nombres respectifs des naissances des deux sexes.

L'inspection des tables depuis l'année 1745 montre que le
nombre de naissances des garçons a toujours surpassé celui des
filles. On retranche toujours de ce rapport le nombre des enfans
trouvés , le nombre respectif des garçons et des filles approchant
d'être égaux; cela peut provenir , comme le pense M. Dela-
place, de ce qu'on apporte des campagnes , dans les hospices ,

un plus grand nombre de filles que celui qui résulterait de la proportion des naissances, parce que les parens de ces enfans trouvent quelque avantage à conserver les garçons.

Le nombre total des enfans non abandonnés enregistrés depuis 1745 jusqu'en 1821 est 1,121,462.

Savoir : 573,700 garçons, et 547,763 filles ; ainsi il résulte du rapport très-approximatif de ces nombres, que lorsqu'il naît à Paris 21 filles, il naît 22 garçons. Ce rapport est précisément le même que celui trouvé par une opération qui embrassait une partie notable du territoire français, c'est le résultat relatif à la population le moins variable et le mieux connu.

Comparaison des décès pour les deux sexes.

Le nombre des hommes morts dans un an, à Paris, surpasse en général celui des femmes.

Le nombre total des décès enregistrés depuis 1745 est 1,548,919 : savoir, 816,984 hommes et 731,935 femmes ; le rapport de ces deux nombres diffère assez peu de celui de 28 à 25.

Comparaison du nombre des mariages au nombre des naissances.

Le nombre total des naissances depuis 1670 jusqu'en 1821, est 2,450,671, et le nombre total des mariages contractés dans cet intervalle de temps est 584,792 ; le quotient est à très-peu près, $4\frac{1}{5}$.

Dans les 30 dernières années du 17e. siècle de 1670 à 1700, le rapport du nombre des naissances au nombre des mariages, était environ $4\frac{4}{5}$; à 5 mariages répondaient 24 naissances. Ce rapport a diminué continuellement ; il était de $4\frac{2}{5}$ depuis 1710 jusqu'à 1750, $4\frac{1}{10}$ depuis 1750 jusqu'au commencement de 1790; et depuis ce temps il est devenu environ 4 moins $\frac{1}{10}$.

Depuis 1700, le nombre relatif des naissances a diminué d'environ $\frac{1}{8}$; en sorte qu'aujourd'hui, si la naissance d'un enfant suppose 33 ou 34 habitans, il y a un siècle on comptait un enfant nouveau-né pour 30 ou 29 habitans.

Le nombre relatif des décès a diminué comme le nombre relatif des naissances.

Variations du nombre des enfans abandonnés par leurs parens.

Depuis 1710 jusqu'à 1730, on compte sur neuf nouveau-nés 1 enfant abandonné ; de 1730 à 1750, on en compte 1 sur 6; de 1750 à 1770, 1 sur 4, ou plus exactement 1 sur 3,8; de 1770 à 1790, 1 sur 3, ou plus exactement 1 sur 3,2; de 1790 à 1810, 1 sur 4, ou plus exactement 1 sur 4,4; pour les années subséquentes, les nombres inscrits dans les états se rapportent et aux enfans abandonnés par leurs parens et aux enfans naturels non-abandonnés.

Observations relatives au nombre variable des décès.

Le nombre total des décès de 1670 à 1787 est 1,600,801. Durant cette période, on observe qu'à mesure que les connaissances utiles se sont répandues et ont influé sur les actes de l'administration, les grandes mortalités de la capitale sont devenues beaucoup plus rares. On voit vers le commencement du 18ᵉ. siècle dans le seul espace de 8 années, le nombre annuel des morts changer de 13,000 jusqu'à 29,000. A cette époque les hivers rigoureux, les disettes, les épidémies, le défaut de soins et de remèdes, l'insalubrité des hôpitaux et des habitations, produisirent ces funestes résultats.

Le nombre annuel des décès, toujours variable, s'est rapproché de sa valeur moyenne, qui augmente progressivement; il peut en différer aujourd'hui, soit en plus, soit en moins de la 15ᵉ. partie de cette valeur, et vers la fin du XVIIᵉ. siècle la différence pouvait être d'un quart, d'un tiers, ou même de moitié.

Mortalité dans les différentes saisons.

Si l'on compare les saisons, d'après le relevé des états de population comprenant 1,500,000 décès, c'est-à-dire depuis 1670 à 1788, en commençant par celles où le nombre des décès est le plus grand, on trouve cet ordre pour les mois: avril, 163, mars, 158; février, 153; mai, 149; janvier, 147; décembre, 130; juin, 129; septembre, 125; octobre, 123; novembre, 122; août, 120; juillet, 116.

Chacun de ces nombres exprime sensiblement la proportion de décès d'un jour dans chacun des mois de l'année. Le plus grand de ces nombres, celui d'avril, est au plus petit, celui de juillet, dans le rapport de 16 à 11.

Ces résultats, propres à la ville de Paris, pourraient être fort différens dans d'autres climats. Il est vraisemblable que la différence, qui existe entre le mois d'avril et le mois de juillet, sous le rapport des décès, tient aux différentes causes qui concourent à rendre les conditions de la vie difficiles et pénibles, donnent lieu au développement des maladies mortelles qui se terminent au renouvellement de la saison ; de même les effets d'une douce température, les changemens heureux qu'elle amène dans l'existence d'un grand nombre d'individus, ne peuvent être appréciés de suite ; aussi n'est-ce qu'en juillet que la diminution du nombre des décès devient sensible. Quoi qu'il en soit de l'exactitude de ces conjectures, ces différences entre les mois sont fort constantes. Il faudrait, pour arriver à quelque résultat précis, comparer les observations météorologiques avec les variations dans les tables mensuelles des décès, etc. Nous nous sommes déjà occupés de quelques recherches à cet égard, en comparant le caractère des maladies régnantes dans les hôpitaux, et les nombres respectifs de chaque espèce avec les observations météorologiques.

A ces données générales sur le mouvement de la population dans Paris pendant plus d'un siècle, et qui nous ont paru nécessaires ici pour donner une idée de l'ensemble des documens précieux que renferme ce recueil par rapport à la population, nous ajouterons les résultats recueillis pendant le cours de ces dernières années, et d'après lesquels on peut juger de la mortalité suivant les âges et dans les diverses positions sociales, et établir, pour ainsi dire, le tribut levé sur la population par diverses maladies. Ces données seront tirées et du recueil publié par M. de Chabrol et des deux mémoires de M. Villermé.

État de la population de Paris en 1817.

D'après le recensement fait en 1817, la popul. totale de Paris est de 717,212 ; intra muros on ne compte que 713,966 ; sur ce nombre il y a 56,794 individus dont on n'a point recueilli les déclarations d'âges, d'états civils, etc., en sorte que le nombre des noms inscrits avec déclarations d'âges et de professions est de 657,172. Ce dernier nombre comprend :

Hommes :	Mariés.	128,589.	Total. . 3o5,247.
	Non mariés. .	162,843.	
	Veufs.	13,815.	
Femmes :	Mariées. . . .	129,596.	Total. . 351,925.
	Non mariées. .	175,210.	
	Veuves.	47,119.	

Le nombre des décès était, terme moyen, pendant 1817 1818, de 21,513, ce qui donne à très-peu près, pour la mortalité générale, le rapport de 1 à 33 ½ ; on l'estime à Londres de 1 sur 31. A Paris en 1819 et 1820, en ne supposant pas d'accroissement dans la population, elle a été de 1 sur 31 ⁵⁄₉.

Aujourd'hui, d'après les nouveaux documens recueillis, la mortalité générale dans Paris est de 1 habitant sur 32 ⁶⁄₇₀ ; au XVIIe. siècle, elle était de 1 sur 25 ou 26, et au XIVe., d'après un manuscrit de cette époque, elle était de 16 à 17 : ce qui confirme l'idée émise ci-dessus.

Mouvement de la population pendant l'espace des cinq années
1817, 1818, 1819, 1820 et 1821.

Naissances. { Garçons. . . . 61,796. } Total. 121,192 (1).
{ Filles. . . . . . 59,396. }

Décès. . . . { Garçons. . . . 54,536. } Total. 111,597.
{ Filles. . . . . . 57,061. }

Au nombre des décès sont compris

1°. 6,774 enfans morts-nés, sur lesquels 3,814 du sexe masculin et 2,960 du sexe féminin, dont 1356 en 1817, 1497 en 1818, 1414 en 1819, 1486 en 1820, 1477 en 1821.

2°. 2,470 individus morts de la petite vérole.

3°. 3,240 morts accidentelles et violentes volontaires ou involontaires.

4°. 1259 personnes déposées à la Morgue.

Aujourd'hui le nombre des naissances l'emporte sur celui des morts, tandis qu'autrefois c'était le contraire : la différence était même fort considérable.

Si l'on compare les tableaux qui indiquent les enfans morts-nés, on verra presque constamment le nombre des garçons surpasser celui des filles; les décès portent plus aussi sur les garçons que sur les filles pendant les trois premiers mois de la naissance.

Le mois de juin offre le *maximum* de conception et le *minimum* des naissances; ce sont mars et avril qui présentent le plus de naissances, puis ensuite février et janvier.

_____

(1) M. Benoiston de Châteauneuf a fait voir que pendant les trois dernières années les naissances illégitimes forment le tiers de celles qui ont eu lieu pendant ce temps. La proportion des naissances par mariage est donc de 2,6, fécondité bien faible, comme il l'observe fort bien, pour une ville où tant de gens croient que la vie est si heureuse et si facile.

Rapport des décès avec les âges.

Dans la 1re. année, 16,552; de 1 à 5 ans, 16,073; de 5 à 10, 4,857; de 10 à 20, 6,135; de 20 à 30, 10,885; de 30 à 40, 7,571; de 40 à 50, 8,230; de 50 à 60, 9,497; de 60 à 70, 11,302; de 70 à 80, 8,548; de 80 à 90, 3,912; de 90 à 100, 307; 100 ans et au-dessus, 8.

Âges des individus morts de la petite vérole dans l'espace de 5 ans.

1re. année, 263; 2e., 300; 3e., 344; 4e., 308; 5e., 254; 6e., 89; 7e., 168; 8e., 91; 9e., 84; 10e., 53; 10 à 15, 165; 15 à 20, 147; 20 à 40, 148; 40 à 50, 6; 50 à 70, 5; 81 ans, 1; âges inconnus, 6.

Différence de la mortalité et des naissances chez les pauvres et les riches.

ARRONDISSEMENT MUNICIPAL.	POPULATION DOMICILIAIRE.	MORTS A DOMICILE.				
		En 1817.	En 1818.	En 1819.	En 1820.	En 1821.
Premier........	45,854.	778	787	904	863	985
Douzième......	66,393.	1492	1679	1611	1633	1805

Ce tableau fait voir que les pauvres et les riches occupent les deux extrémités de l'échelle de la mortalité; on y a comparé deux arrondissemens dont l'un, le 1er., est le plus riche, c'est-à-dire a le moins de pauvres, et le douzième est le moins riche, c'est-à-dire a le plus de pauvres.

M. Villermé a déterminé pour chacun de ces arrondissemens le nombre des habitans qui vont mourir dans les hospices et hôpitaux de Paris. D'après ses calculs, la différence totale est telle qu'on s'éloigne peu du résultat mathématique en disant que lorsque 50 personnes meurent dans le 1er. arrondissement, il en meurt 100 dans le 12e. Il y a une naissance annuelle sur plus de 32 habitans du 1er. arrondissement, et tout au plus une sur 26 du 12e., et cependant il n'y a pas plus d'enfans de 0 âge à 5 ans dans ce dernier que dans le premier, preuve que les pauvres produisent plus d'enfans que les riches, mais les conservent moins.

Mortalité dans diverses professions.

Parmi les ouvriers de Paris dont le métier s'exerce à l'air libre et ne contribue pas, si l'on en excepte les blessures ou les accidens, à abréger la vie, on voit toujours la mortalité diminuer avec l'augmentation des salaires.

En 1807 la mortalité générale dans les hôpitaux de Paris étant de 1 sur $7\frac{81}{100}$, elle fut pour les couvreurs de 1 sur $7\frac{1}{64}$; pour les compagnons maçons de 1 sur $6\frac{53}{89}$; pour les manœuvres maçons de 1 sur $5\frac{18}{39}$.

Beaucoup de professions donnent lieu au développement de plusieurs maladies et abrégent la vie. Les étameurs de glaces, les doreurs, les calcineurs de plomb, etc., les ouvriers des manufactures de produits chimiques sont sujets à divers accidens qui peuvent être fort graves; et comme l'action de ces causes est sans cesse renouvelée, ces malheureux succombent souvent fort jeunes encore. Les étameurs de glace de Paris, dit M. Villermé, ne croient pas qu'on puisse vivre plus de dix ans si l'on n'interrompt pas ce métier.

Les cordonniers sont souvent attaqnés de phthisie et périssent souvent avant cinquante ans parce qu'ils se déforment la partie inférieure du sternum par la pression constante qu'ils y exercent; les garçons boulangers passent rarement cet âge; les vidangeurs existent à peine la moitié de la vie ordinaire, suivant Ramazzini et le professeur Hallé. Les verriers sont encore exposés à une foule de dangers et d'accidens. Les cardeurs, les tondeurs de peaux de lapins, les chiffonniers, périssent souvent d'une phthisie pulmonaire, causée par les poussières au milieu desquelles ils vivent.

Le tableau suivant, dressé par M. Masson, secrétaire de l'administration des hôpitaux, donne une idée de la mortalité dans les diverses professions. Ces résultats sont seulement ceux d'une année (1807). Pour arriver à quelque chose de précis il faudrait que ce travail eût été fait pendant un grand nombre d'années et tenir compte d'une foule de circonstances qui font varier les résultats.

PROFESSIONS.	MORTALITÉ DES HOMMES MALADES DANS LES HÔPITAUX.		MORTALITÉ DES FEMMES MALADES DANS LES HÔPITAUX.	
Allumeurs	3 sur	11	1 sur	4
Allumettes (m^{des}. dans les rues)			3	13
Balayeurs	0	10	1	6
Bardeurs	0	17		
Batteurs en grange	3	25		
Bijoutiers (ouvriers)	9	76	1	13
Blanchisseurs (1)	8	35	109	711
Bonnes d'enfans			3	24
Bonnetiers (ouvriers)	11	109	2	11
Bottier (idem)	5	31		
Bouchers (id.)	11	77		
Boulangers (id.)	40	455		
Bourreliers	11	45		
Boutonniers	5	42	5	41
Bretelliers (ouvriers)			2	56
Brocanteurs	7	30		
Brodeuses (2)			34	374
Broyeurs de couleurs	2	16		
Brunisseuses			1	20
Calcineurs de plomb (3)	1	8		
Cardeurs à la carde	4	30	12	54
Carreleurs	1	14		
Carriers	24	132		
Charcutiers (garçons)	1	22		
Chandeliers	1	14		
Charbonniers	5	25		
Charpentiers (ouvriers)	17	129		
Charretiers	48	320		
Charrons	13	94		
Chiffonniers	7	37	10	70
Cloutiers	2	38		
Colporteurs	5	29		
Cochers	52	301		
Commissionnaires	24	148		
Cordiers	6	24		
Cordonniers (4)	105	807	8	65
Corroyeurs	5	65		
Couteliers	1	18		
Coupeuses de poils			7	24
Couturières (5)			190	1617
Cuisiniers	27	136	31	266
Décrotteurs	9	35	1	3

(1) Parmi les femmes portées sur les registres comme blanchisseuses, il y a beaucoup de filles publiques.

(2) Beaucoup de filles publiques et entretenues.

(3) Depuis plusieurs années on reçoit chaque année, à l'hôpital de la Charité, 140 à 200 malades avec des affections saturnines, et il est rare d'en voir mourir plus de six.

(4) Les cordonnières n'ont rien de commun avec les cordonniers quant aux causes de maladies.

(5) Même observation que pour les brodeuses.

PROFESSIONS.	MORTALITÉ DES HOMMES MALADES DANS LES HÔPITAUX.		MORTALITÉ DES FEMMES MALADES DANS LES HÔPITAUX.	
Dentellières (1)	»	sur »	15 sur	89
Doreurs sur bois	5	55		
—— sur métaux	1	6		
Ébénistes	11	131		
Écrivains en échoppe	12	49		
Épiciers (garçons)	1	25		
Éventaillistes	3	9	7	26
Femmes de chambre			2	20
—— de ménage			7	33
Férailleurs	1	17	0	7
Ferblantiers	6	39		
Fileurs	3	58	49	372
Fondeurs (2)	14	72		
Frotteurs	2	26		
Fruitiers (3)	3	18	20	189
Fumistes	1	24		
Gagne-deniers	74	341	17	62
Gantières			7	81
Garçons d'attelages	0	60		
Gardes-malades			13	67
Gaziers	2	34	8	38
Halle (marchande à la)			2	21
Imprimeurs en lettres	10	107		
Infirmiers des hôpitaux (4)	1	40	4	44
Jardiniers	38	265	14	88
Journaliers	130	857	154	812
Lapidaires (ouvriers)	1	20		
Layetiers	1	14		
Limonadiers (garçons)	7	81		
Lingères (ouvrières) (5)			83	521
Marée (marchandes de)			2	53
Maréchaux	10	93		
Mariniers	3	45		
Matelassiers	2	9	0	14
Mégissiers	1	26		
Mendians	4	6	3	18
Menuisiers	59	408		
Merciers	1	11	1	
Militaires (garde de Paris)	100	2159		
Orphelins venant des hospices	0	19		
Ouvriers au pont	1	30		
—— aux glaces	2	39	2	13
—— au canal de l'Ourcq	4	227	1	17
—— sur les ports	8	59		

(1) Même observation que pour les brodeuses.
(2) Même observation que pour les calcineurs de plomb.
(3) Les uns vendent dans les rues , les autres à domicile.
(4) On les fait compter parmi les malades pour des indispositions légères, qui ne feraient pas recevoir d'autres personnes dans les hôpitaux.
(5) Même observation que pour les brodeuses.

PROFESSIONS.	MORTALITÉ DES HOMMES MALADES DANS LES HÔPITAUX.		MORTALITÉ DES FEMMES MALADES DANS LES HÔPITAUX.	
Palefreniers.	7	sur 89		
Passementières.			7	sur 30
Pâtissiers.	3	37		
Paveurs.	2	36	»	»
Peintres en bâtimens.	17	175		
—— en voitures.	8	32		
Perruquiers.	21	177	5	10
Plombiers.	4	28		
Polisseurs.	5	23	5	54
Porteurs.	10	70	7	66
—— d'eau.	22	149	2	15
Portiers (1).	18	63	25	67
Potiers d'étain.	1	4		
—— de terre.	4	16		
Ramoneurs.	2	38		
Ravaudeuses.			40	269
Relieurs.	2	22	4	21
Repasseuses.			9	24
Revendeurs.	9	32	96	537
Rubannières.			3	22
Savetiers.	4	11	1	1
Scieurs de long.	10	90		
Selliers.	14	68		
Serruriers.	40	377		
Tabletiers.	15	77	1	8
Taillandiers.	2	28		
Tailleurs d'habits.	60	505	10	44
—— de pierre.	18	87		
Tanneurs (ouvriers.)	1	32		
Tapissiers. (Id.)	7	32		
Teinturiers.	3	36	1	5
Terrassiers.	41	429	0	11
Tisserands.	13	146	2	10
Tonneliers.	13	92		
Tourneurs en bois.	10	74		
Traiteurs.	0	17		
Tricoteuses.			3	14
Valets de pied.	0	18		
Vidangeurs (2).	1	14		
Vignerons (3).	14	70	6	41
Vin (garçons mds. et mdes.). . .	14	160	4	10
Vitriers.	4	20	7	»
Voituriers.	8	27		

(1) Pouvant souvent garder leurs portes quoique malades, les portiers ne se présentent souvent dans les hôpitaux que quand leurs maladies sont déjà irrémédiables.

(2) Ils gagnent de très-bons salaires, nè travaillent que rarement plus de deux nuits de suite, et se tiennent très-proprement hors de leur travail.

(3) La plupart venus de la campagne comme incurables.

Proportions de quelques causes de mort entre elles.

D'après les calculs de M. Benoiston de Châteauneuf, pendant les années 1816-17-18 et 19, il est mort dans Paris, par suite des maladies des poumons, 18,932 individus.

Pendant ces quatre années la mortalité causée par l'*asthme* (1)

a été de	1	sur	$100 \frac{75}{100}$
Par les catarrhes pulmonaires,	1	sur	$14 \frac{61}{100}$
Par les fluxions de poitrine,	1	sur	$31 \frac{40}{100}$
Par la phthisie,	1	sur	$8 \frac{91}{100}$

En comparant ces résultats au nombre total des décès 21,334, on trouve 1 à 4,52, ou à peu près, pour le rapport du nombre des individus morts de maladies de poitrine, c'est-à-dire environ deux neuvièmes de la population. La proportion des phthisiques est encore plus grande à Londres qu'à Paris.

Morts par suite de la petite vérole pendant l'espace de 5 ans.

		Mâles.	Femelles.	Total.
Pour	1817	401	344	745
	1818	507	486	993
	1819	199	156	355
	1820	59	46	105
	1821	147	125	272
Total général :				2,670.

Les morts violentes volontaires ou accidentelles ont été,

		Mâles.	Femelles.	Total.
Pour	1817	» »	» »	656
	1818	» »	» »	605
	1819	449	156	605
	1820	489	228	717
	1821	480	177	657
Total général :				3,240

Dont 67 écrasés, 16 assassinés et 12 suppliciés. Sur 1,979, total des trois dernières années, 511 étaient mariés.

Suicides.

1,730 suicides ont été tentés ou effectués; 1,124 par des hommes, 606 par des femmes, 862 par des individus mariés, 868 par des célibataires. *1*

(1) **Diverses** maladies sont confondues sous ce nom.

Motifs présumés.

Passions amoureuses, 121

Maladies, dégoût de la vie, faiblesse et aliénation d'esprit, 628

Mauvaise conduite, jeu, débauche, etc., 228

Indigence, perte de places, d'emplois, dérangement d'affaires, 342

Crainte de reproches et de punitions, 58

Motifs inconnus, 353

Total : 3,730.

Le genre de mort le plus commun a été la submersion; le plus rare, le poison; la cause la plus fréquente, les chagrins domestiques, d'où naît le dégoût de la vie (628 sur 1,730). Le mois d'avril est celui de tous où les suicides sont les plus nombreux; comme il est aussi, avec le mois de mars, celui où l'on compte le plus de décès.

Mortalité dans les hôpitaux de Paris.

Dans le Mémoire sur les hôpitaux de Paris, de Tenon, on trouve qu'à l'Hôtel-Dieu, avant la révolution, la mortalité était de 1 sur 4 malades $\frac{1}{2}$, sans y comprendre 400 nouveau-nés qui mouraient à l'hôpital des Enfans-Trouvés de l'endurcissement du tissu cellulaire, et les nouvelles accouchées, dont il périssait 1 sur 15, au lieu de 1 sur 31 comme dans les autres hôpitaux.

La mortalité était, à l'Hôtel-Dieu,

En 1817 de 1 sur 4 $\frac{42}{100}$

1818 1 sur 5 $\frac{35}{100}$

1820 1 sur 6 $\frac{7}{100}$

A la Charité,

En 1817 et 1818 de 1 sur 5 $\frac{15}{100}$

1820 1 sur 5 $\frac{70}{100}$.

De 1804 jusqu'à 1814, la mortalité avait été dans ce même hôpital de 1 sur 7 $\frac{13}{100}$.

De la mortalité, par ordre de maladie, à l'Hôtel-Dieu en 1807;
tableau rédigé par M. Masson, secrétaire de l'administration
des hôpitaux. (Mémoire de M. Villermé.)

MALADIES.	HOMMES.	FEMMES.	AGES.
Fièvres continues, synoques.	1 sur 7,57	1 sur 6,24	de 15 à 40
—— rémittentes.	— 2,66	— 2,44	» »
—— intermittentes. . . .	— 31,36	— 275,00	15 50
—— éruptives.	— 6,33	— 7,25	15 30
Inflammations, fluxions, catarrhes.	— 4,25	— 4,31	20 50
Névroses.	— 1,85	— 2,19	15 60
Lésions organiques. . . .	— 2,00	— 1,90	20 60
Hémorrhagies, flux. . . .	— 10,50	— 16,76	20 50
Cachexies, virus.	— 1,66	— 1,51	15 50
Maladies des os.	— 9,	— 14,16	20 60
Tumeurs, hernies.	— 10,75	— 9,69	20 30
Plaies, ulcères.	— 14,19	— 6,71	20 60
Autres maladies externes locales.	— 7,36	— 33,33	20 50

Tableau de la mortalité à l'hôpital des Enfans en 1818. (L'âge
des enfans varie de 2 à 15.) (Mémoire de M. Villermé.)

	MALADIES AIGUES.				TOTAL
	MÉDECINE.	VARIOLE.	CHIRURGIE.	SCROFULES.	GÉNÉRAL.
Garçons.	1 sur 2 $\frac{94}{100}$	1 sur 1 $\frac{91}{100}$	1 sur 6 $\frac{47}{100}$	1 sur 4 $\frac{69}{100}$	1 sur 4 $\frac{74}{100}$
Filles. . .	1 sur 3	1 sur 2 $\frac{41}{100}$	1 sur 5 $\frac{50}{100}$	1 sur 5 $\frac{18}{100}$	

En 1819, la mortalité a été de 1 sur 5 $\frac{6}{100}$; la mortalité générale de 1804 à 1814 a été de 1 sur 5 $\frac{1}{4}$. Le plus grand nombre
des enfans admis dans l'hôpital avec des maladies aigües périssent
dans les premiers jours qui suivent leur entrée, et surtout dans
les 24 premières heures.

*Tableau de la mortalité à l'hôpital Saint-Louis, destiné aux
maladies chroniques, mais principalement à celles de la peau,
pendant l'année 1818.*

Fiévreux,	1	sur	3 $\frac{63}{100}$
Blessures et ulcères,	1	sur	6 $\frac{90}{100}$
Gale,	1	sur	53
Dartres, teignes et scrofules,	1	sur	14

Syphilis,	1 sur	157
Scorbut,	1 sur	$2 \frac{6}{100}$
Rhumatismes,	1 sur	$8 \frac{11}{100}$
Épilepsie,	1 sur	$29 \frac{50}{100}$
Paralysie,	1 sur	$4 \frac{8}{100}$
Total général,	1 sur	$14 \frac{1}{100}$

Dans l'espace de 10 ans, de 1804 à 1814, la mortalité moyenne n'avait été, dans cet hôpital, que de 1 sur $26 \frac{6}{100}$; elle a beaucoup augmenté, comme on vient de le voir, en 1818; en 1819 elle a été de 1 sur $16 \frac{44}{100}$.

A l'*hôpital des Vénériens*, destiné au traitement des maladies syphilitiques, il y a eu pendant long-temps 1 mort sur 47 à 48 malades; de 1804 à 1814, la mortalité générale a été de 1 sur 24; en 1818 elle s'est trouvée 1 sur 17, dont : hommes, 1 sur 59; femmes, 1 sur 40; nourrices, 1 sur 87; enfans, 1 sur 2(1). Ce degré considérable de mortalité tient à la gravité d'un certain nombre d'individus envoyés des autres hôpitaux, et à ce qu'il règne quelquefois des fièvres de mauvais caractères.

A l'*Hôpital de la Pitié*, où sont envoyées les filles publiques attaquées de syphilis, la mortalité est de 1 sur $185 \frac{80}{100}$; les vénériens de 15 à 20 ans forment presque le quart de ceux qui sont dans les hôpitaux, et de 20 à 30 un peu plus de moitié; passé 50, ce n'est plus que dans le rapport de 2 sur 100.

A l'*Hôpital d'accouchement*, la mortalité a été, en 1817, de 1 sur 17; et en 1818 de 1 sur 48; en l'an X elle fut de 1 sur 115 $\frac{1}{8}$; et pour les 6 premiers mois de l'an XI de 1 sur 21 $\frac{1}{2}$.

La population moyenne des hôpitaux est de 4000 à 4700. Il y entre annuellement 35,500 personnes; en 1819, la mortalité générale a été de 1 sur 7,58; en 1820, de 1 sur 8,04.

Mortalité dans les hospices.

Dans l'*Hospice d'allaitement* ou *des enfans trouvés*, la mortalité pendant 8 jours $\frac{30}{100}$, durée moyenne du séjour de chaque enfant dans l'hôpital avant d'être remis à une nourrice, a été de 1 sur 3,74; en 1819 de 1 sur 3,82; la durée moyenne du séjour étant 9 jours.

---

(1) Chaque fois, dit M. Villermé, qu'on a examiné séparément la mortalité des enfans et celle des adultes, la différence a été presque aussi considérable.

A la *Salpétrière* et à *Bicêtre*, hospices destinés aux vieillards, la mortalité en a été de :

	Indigens valides et infirmes.	Fous et imbécilles.	Épileptiques.	Affectés de cancer.	Total général.	Mouvement de l'infirmerie.
A Bicêtre (hommes), 1818.	1 sur 8,20	1 sur 8,17	1 sur 15,47	1 sur 4,90	1 sur 8,56	1 sur 4,52
1820.	7,69	6,95	7,66	4,60	7,05	3,70
A la Salpétrière (femmes), 1818.	1 sur 8,05	1 sur 6,50	1 sur 9,40	1 sur 2,21	1 sur 6,50	1 sur 3,15
1820.	8,20	8,05	17,66	1,55	6,78	3,06

La mortalité des fous relative aux âges a été établie ainsi qu'il suit, par M. Esquirol :

AGE.	BICÊTRE de 1784 à 1794.	LA SALPÉTRIÈRE de 1804 à 1814.
De 20 à 30 ans.	25	58
30 à 40	176	83
40 à 50	215	143
50 à 60	134	173
60 à 70	90	123
70 et au-delà.	45	210
	685	790

Sur les 790 femmes de la Salpétrière, 282 sont mortes dans la première année de leur entrée, 227 dans la seconde, et 181 dans la troisième.

La mortalité dans la manie est de 1 sur 25 ; dans la monomanie, de 1 sur 16 ; dans la démence, de 1 sur 3. Rarement les idiots et les imbécilles dépassent 30 à 40 ans.

Dans notre prochain cahier nous dirons un mot de la mortalité dans les prisons, et nous tirerons quelques conséquences des données contenues dans ces recherches statistiques ; dans cet article nous n'avons fait que suivre pas à pas notre confrère, M. Villermé, qui depuis long-temps s'occupe avec succès de ce genre de recherches. Avant de terminer nous rappellerons une conséquence importante qui résulte d'un examen fait année par année des événemens physiques, politiques et moraux, rapprochés des variations successives dans la population. Il a vu que toutes les fois que le peuple souffre, quelle qu'en soit la cause, le nombre des morts augmente, celui des naissances diminue, et la durée moyenne de la vie diminue. Au contraire, si le peuple est heureux, le nombre des décès diminue, celui des naissances augmente et la durée moyenne de la vie s'accroît.

M. Villermé s'est occupé de déterminer l'influence des disettes sur les naissances, des mois dont la mortalité a principalement diminué depuis un siècle; il examine les causes de la diminution de fécondité et les trouve principalement dans la prévoyance des citoyens qui fait craindre la misère, et dans toutes les circonstances qui assurent plus qu'autrefois la vie dans Paris.

Ajoutons ici deux relevés des tableaux sur le nombre des vaccinations gratuites et des secours administrés aux noyés.

Vaccinations gratuites dans Paris pendant 5 ans.

	Mâles.	Femelles.	
Pour 1817,	1590	1611	3201
1818,	1003	1093	2096
1819,			946
1820,			861
1821,			1137
	Total général,		8241.

Pendant les trois dernières années, le nombre des vaccinations gratuites n'est que le 25e. des naissances.

Secours administrés aux noyés en rivière dans le ressort de la préfecture de police.

	Mâles.	Femelles.	
En 1819, noyés	209	62	271
1820,	208	62	270
1821,	246	64	310
	Total général,		851.

Sur les 851 individus 667 n'étaient pas susceptibles de secours; 184 ont donc été secourus, 19 l'ont été inutilement.

DEFERMON.

RECHERCHES STATISTIQUES SUR LA VILLE DE PARIS et le département de la Seine, recueil de tableaux dressés d'après les
ordres de M. le comte de CHABROL, conseiller d'état, préfet
du départ. de la Seine : et CONSIDÉRATIONS SUR LES NAISSANCES
et la mortalité dans Paris; par L. R. VILLERMÉ, D. M. P.
(Deuxième extrait. Voy. le *Bulletin des Sciences médicales*,
juin 1824.)

Nous avons dit, dans le précédent article, que nous donne-
rions quelques détails sur la mortalité dans les prisons; mais,
avant d'aborder ce sujet, nous croyons convenable d'ajouter ici
quelques autres données sur les différences de la mortalité suivant
les saisons, et sur le nombre proportionnel des malades dans les
différens mois de l'année. Ces résultats rendent moins incomplet
ce que nous avons déjà dit sur ce sujet dans cet article, à
la page 26, sous le titre de *mortalité dans différentes saisons*.

C'est au printemps qu'il y a le plus de décès à Paris, et c'est
en été qu'il y en a le moins. D'après un état général, publié par
Buffon, M. Villermé fait observer que depuis 1745 jusqu'en
1766 inclusivement, le *maximum* de la mortalité a eu lieu 7 fois
en mars, 7 fois en avril, 3 en mai, 2 en janvier, 1 en novembre,
et 1 en décembre. Les mois qui ensuite avaient eu le plus de décès étaient, pour les années où ils n'offraient pas la plus grande
mortalité, celui de mars, puis celui d'avril.

Le *minimum* de la mortalité a eu lieu 9 fois en août, 4 en
juillet, 2 en juin, 2 en sept., 2 en nov., etc.

Pendant l'hiver de 1709, pendant ceux de 1740 à 1741, de
1742 à 1743, de 1753 à 1754, de 1788 à 1789, la mortalité a
été plus forte que dans les autres hivers d'un quart et plus.

Selon M. Benoiston de Châteauneuf, dans Paris les rapports
moyens annuels seraient comme il suit pour les maladies de poitrine.

	Printemps.	Été.	Automne.	Hiver.
Phthisies	660.	556.	$572\frac{1}{2}$.	597.
Asthmes	55.	$29\frac{1}{4}$.	46.	$81\frac{1}{2}$.
Catarrhes	420.	225.	$347\frac{1}{4}$.	466.
Fluxions de poitrine,	220.	$97\frac{3}{4}$	139.	$220\frac{3}{4}$.

En sorte que ce serait surtout le printemps et l'hiver qui seraient les saisons les plus funestes aux phthisiques.

Hôtel-Dieu.

A l'Hôtel-Dieu de Paris, le *maximum* de la mortalité déterminée par les fièvres et les névroses tombe dans le 3ᵉ. trimestre de l'année, et le *minimum* pendant le 4ᵉ.; pour les fièvres rémittentes, pendant le 1ᵉʳ.; et pour les intermittentes, pendant le 2ᵉ. Les maladies éruptives ont paru funestes surtout pendant les 2ᵉ. et 3ᵉ. trimestres; les fluxions, les inflammations, les catarrhes, pendant le 1ᵉʳ. et le 2ᵉ., la mortalité la plus petite ayant lieu à la fin de l'année; enfin, les hémorragies et les autres flux ont été mortels surtout au commencement du printemps.

Hospice de la Salpétrière.

Nous avons indiqué, en parlant de l'hôpital de la Salpétrière, les variations de la mortalité, suivant les âges, parmi les folles; nous allons indiquer ici les variations suivant les saisons. Sur 790 folles,

175 ont succombé pendant mars, avril, mai.

174. . . . . juin, juillet, août.

234. . . . . sept., oct., nov.

207. . . . . déc., janv., févr.

A Paris, dit M. Villermé, comme dans toute l'Europe, l'hiver et le printemps sont les saisons les plus funestes pour les maladies chroniques; tandis que les maladies d'été sont, en général, rarement mortelles.

Bureau central d'admission dans les hôpitaux et hospices.

Nombre proportionnel des malades admis dans les différens mois de l'année dans les hôpitaux et hospices de Paris.

Ce tableau, que nous empruntons aux *Archives de médecine* (cahier de mars 1824), et qui a été communiqué par M. Rayer, médecin du bureau central d'admission des hôpitaux et hospices civils de Paris, a été calculé d'après les admissions faites par ce bureau pendant dix années, c'est-à-dire de 1812 à 1821.

Tableau des admissions.

Mois.	Sexe masc.	Sexe fémin.	Total.	Moyenne des admissions par jour.
Janvier.	8168	6613	14781	47 , 88
Février.	6725	5632	12357	44 , 13
Mars.	7870	6216	14086	46 , 08
Avril.	8176	6390	14566	48 , 55
Mai.	8212	6747	14959	48 , 26
Juin.	7477	6028	13505	45 , 01
Juillet.	7388	6273	13661	44 , 06
Août.	7352	6315	13667	44 , 08
Septembre.	7630	6270	13900	46 , 33
Octobre.	7642	6164	13806	44 , 53
Novembre.	7094	5778	12872	42 , 90
Décembre.	7321	5774	13095	42 , 24.
Total.	91055	74200	165255.	

a. Les mois de mai et d'avril donnent le plus grand nombre d'admissions par jour.

b. Le plus petit nombre d'admissions par jour correspond, au contraire, aux mois de décembre et de novembre.

c. Enfin, la moyenne proportionnelle des admissions, par jour, est plus considérable pour le sémestre de printemps et d'été, que pour celui d'automne et d'hiver, puisqu'elle est de 46 malades 5 centièmes pour les mois d'avril, mai, juin, juillet, août et septembre; tandis qu'elle n'est que de 44 malades 90 centièmes, pour les mois d'octobre, novembre, décembre, janvier, février et mars. Ces données, rapprochées des résultats relatifs aux variations de la mortalité dans la ville de Paris prouvent, suivant M. Rayer, que le nombre des morts, dans les différens mois de l'année, n'est pas toujours en raison directe du nombre des malades; elles concourent à établir, d'un autre côté, que le mois d'avril est à Paris celui de tous dans lequel on compte proportionnellement le plus de malades et le plus de morts.

Rapports de la population des hôpitaux à la population totale de Paris.

A l'époque du recensement de 1817 :

1°. La population des hospices civils appartenant à Paris était, par rapport à la population de Paris, de 1 sur 60 $\frac{56}{100}$.

Celle des hôpitaux, de 1 sur 163 $\frac{80}{100}$.

Celle des hospices et hôpitaux réunis : 1 sur 44 $\frac{11}{100}$.

Les professions mécaniques qui donnent des indigens à ces hospices et hôpitaux, sont entre elles à peu près dans les proportions suivantes :

Gens à gages, un peu plus de $\frac{1}{8}$.

Journaliers et hommes de force, près de $\frac{2}{8}$.

Ouvriers de toute espèce (1), $\frac{5}{8}$.

Toutes les professions mécaniques sont aux autres dans le rapport de 5 à 1. Les couturières forment elles seules environ le vingtième des premières.

Mortalité dans les prisons.

Les renseignemens recueillis sur ce sujet par M. Villermé, sont relatifs à toutes les prisons de France.

C'est dans les prisons de Paris, de Melun et dans les bagnes que la mortalité est moindre.

Prisons du département de la Seine.

La population moyenne a été, pendant les années 1816, 1817 et 1818, de 3874 individus; la mortalité annuelle, pendant les mêmes années a été de 330, c'est-à-dire de 1 sur 11 $\frac{244}{310}$, mortalité très-grande si on se rappelle surtout que les détenus sont des adultes et des adolescens.

Dans la maison de répression, de mendicité et de vagabondage, établie à Saint-Denis, la mortalité a été énorme, car sur une population moyenne de 661 hommes, femmes et quelques enfans, elle a été, pendant 1816, 1817 et 1818, terme moyen de 192 $\frac{2}{3}$, c'est-à-dire de 1 sur 3 $\frac{1}{2}$.

Une diarrhée chronique, surtout une espèce de scorbut et des gastrites chroniques, causent la perte des trois quarts des individus qui succombent. Ce dépôt est probablement le mieux organisé de tous ceux de France. Les vieillards et les infirmes de la maison de Saint-Denis sont envoyés à Villers-Coterets. Ces individus, pour ainsi dire acclimatés, accoutumés au régime de la prison, placés à Villers-Coterets dans les mêmes condi-

---

(1) Dans cette dernière classe il faut surtout compter les couturières, avec lesquelles sont confondues beaucoup de filles publiques, ainsi qu'avec les autres ouvrières citées plus loin; puis les cordonniers, les blanchisseuses, les tailleurs, les fileuses, les menuisiers, les maçons et les brodeuses.

tions que dans les autres hospices, présentent une diminution considérable dans la proportion des morts à la population totale; le rapport devient tout à coup comme 1 est à 6, moins une petite fraction.

Mortalité dans les bagnes.

Dans le bagne de Brest la mortalité a été, pendant les années 1815, 1816 et 1817, de 1 sur $49\frac{94}{100}$; mortalité faible, mais qui ne l'est pas autant qu'on serait d'abord tenté de le croire, car il n'y a point de jeunes enfans parmi les forçats, et tous ceux âgés de 70 ans accomplis sont transférés dans d'autres prisons.

Parmi les forçats de Toulon la mortalité est plus forte que dans celui de Brest.

Les résultats rapportés ci-dessus s'appliquent aux prisons les mieux tenues, car il paraît que dans la plupart des autres prisons de France, d'Angleterre et d'Allemagne, on doit compter 20 à 30 décès par an sur un mouvement de 90 à 100 détenus. Enfin, on trouve dans le *Rapport sur les travaux du Conseil général des Prisons pendant l'année* 1819, que dans la prison de Saint-Malo, sur le nombre de 35,132 journées, résultat du mouvement des détenus pendant 1817 et 1818, il y en a eu 14 mille 446 d'hôpital. La comparaison des nombres des décès des prisons et des bagnes, conduit à cette conséquence affligeante, que ce sont surtout les simples accusés et les condamnés les moins coupables, ceux qui subissent les condamnations qu'ils ont encourues pour de simples délits, qui occupent les prisons les plus mauvaises à tous égards, qu'ils meurent bien plus vite, ou si l'on veut dans la plus grande proportion; en sorte qu'en France, dans l'état actuel où se trouvent les prisons et malgré la sollicitude des hommes éclairés qui voudraient améliorer le sort des détenus, il y a plus à parier pour la vie d'un scélérat consommé qu'un jugement retient en prison, que pour celle d'un prévenu, et même d'un infortuné innocent; celui-ci, renfermé dans une enceinte empoisonnée, ne peut éviter l'influence des causes de maladies qui s'y trouvent réunies, et victime de l'ennui et des chagrins qu'il éprouve, il succombe plus tôt, tandis que les forçats, qui n'ont ni remords ni chagrins, qui peuvent faire de l'exercice en plein air, et qui sont traités avec autant d'humanité que le comportent les règlemens, sont ceux qui courent le moins de chances de mort. A Dieu ne plaise que je reproche à ces malheureux les allégemens que tolère leur position; mais au moins faudrait-il que pour les prévenus, les coupables de délits, et les infortunés dont le plus grand crime est leur misère, les chances de conservation fussent égales. (Voy. *Des Prisons telles qu'elles sont et telles qu'elles devraient être* ; par M. le D^r. Villermé.)   DEFERMON.

RECHERCHES STATISTIQUES sur la ville de Paris et le département de la Seine, sous le rapport des produits agricoles et de leur influence sur l'agriculture française. 1re. et 2e. parties, 1821 et 1823. (Voy. le *Bulletin des Sciences agricoles*, etc., janvier 1824.)

Cet important ouvrage ne se trouve point dans le commerce. Une analyse complète en a été donnée dans une autre section du Bulletin; nous ne l'envisageons ici que sous ses rapports avec l'agriculture, et nous commencerons par donner un aperçu des produits territoriaux du département de la Seine en substances farineuses.

Dans les 4 années 1817, 1818, 1820 et 1821, 18,842 hectares ont été employés à la culture du froment, année moyenne 4,710,50. Le produit moyen des 4 années a été de 95,510 hectolitres, ou, à très-peu près, de 25 hectol. 25 litres par hectare.

La culture moyenne du méteil a occupé 322 hectares dont le produit moyen a été de 7,190 hectol., ou de 22 hectol. 33 litres par hectare.

La culture moyenne du seigle a occupé 3,593 hectares, dont le produit a été de 67,823 hectol., ou de 18 hectol. 88 litres par hectare.

La culture moyenne de l'orge a occupé 2,800 hectares dont le produit a été de 66,132 hectol., ou de 23, 61 par hectare.

La culture moyenne de l'avoine s'est étendue sur 5,399 hectares dont le produit a été de 174,334 hectol., ou de 32, 29 par hectare.

Une étendue moyenne de 974 hectares a été employée à la culture des légumes secs, et son produit a été de 13,080 hectol., ou de 13, 44 par hectare.

1779 hectares ont été employés à la culture de la pomme-de-terre, et en ont produit 457,714 hectol., ou 257 par hectare.

Sous la dénomination générale de menus grains, une étendue moyenne de 389 hectares en a produit 4,340 hectol., ou 11, 31 par hectare.

Il serait à désirer que M. le Préfet eût pu nous faire connaître de la même manière l'étendue superficielle et le produit des vignes, des prairies artificielles et des terres consacrées à la culture des légumes, par exemple à la culture du chou dans la plaine des Vertus.

L'un des plus grands encouragemens que l'on puisse donner à l'agriculture, consiste dans la consommation de ses produits, et l'on peut être sûr qu'elle est florissante partout où cette consommation est prompte et complète. Sous ce rapport la ville de Paris paie, par ses consommations, un immense contingent à l'agriculture française. Nous allons le démontrer en faisant connaître les principaux articles de ces consommations.

1°. Consommation du pain.

M. le Préfet n'a calculé celle de Paris que sur la fabrication des boulangers, et il n'a pas tenu compte de celle de 36,080 habitans, des casernes, hospices et prisons, auxquels le pain est fourni par des entreprises particulières. Nous avons fait en sorte de suppléer à cette omission, et nous trouvons, 1°. avec M. le Préfet, que la consommation du pain pour 677,886 habitans est de 113,880,000 kilogr. de pain par année.

2°. Que celle de la population omise doit être de 8,349,740. — Total : 122,229,740 kilogr.

Nous supposons qu'un kilogramme de pain représente un pareil poids de blé; et à 75 kilogr. par hectol., nous trouvons une consommation de 1,629,599, 54 hectol., produit présumable de 108, 640 hectares, à 15 de produit par hectare.

2°. Consommation des pommes-de-terre.

Elle est de 323,610 hectol.; il est probable qu'elle est fournie en totalité par la banlieue de Paris, et, d'après ce que nous avons dit plus haut, elle est le produit de 1,779 hectares.

3°. Consommation de l'orge.

Il est probable que ce grain n'est consommé que dans les brasseries pour la fabrication de la bière. La consommation moyenne de cette boisson étant de 77,000 hectolitres, nous avons lieu de croire que celle de l'orge est de 46,000, produit de 1,948 hectares.

4°. La consommation de l'avoine, année moyenne sur dix,

est de 871,060 hectolitres, lesquels, à 30 hectol. par hectare, donnent lieu à une culture de 29,035 hectares.

5°. La consommation du foin et de la luzerne, année moyenne sur dix, est de 8,203,340 bottes de 5 kilogr.; et en supposant, ce qui est vraisemblable, un produit de 5000 kilogrammes par hectare, cette consommation donne lieu à une culture de 8,203 hectares en prairies naturelles et artificielles.

6°. La consommation du vin, année moyenne sur onze, est de 718,000 hectolitres; elle a même excédé 800,000 dans chacune des trois dernières années.

7°. La consommation de l'eau-de-vie est de 49,000 hectol.; supposant, ce qui est vraisemblable, que les $\frac{2}{3}$ de cette quantité sont entrés en nature d'esprit à 33 degrés, 32,667 hectol. représentent 261,336 hectol. de vin, et 16,334 hectol. à 19 degrés représentent 98,004 hectol. de vin. — Total, 359,340.

8°. La consommation du vinaigre est de 13,600 hectolitres qui représentent la même quantité de vin.

Ainsi les vignes des diverses parties de la France fournissent réellement à la ville de Paris, en nature ou équivalent, 1,090,940 hectol. de vin lesquels, en supposant, ce qui jusqu'ici paraît vraisemblable, que le produit moyen de l'hectare de vignes soit de 18 hectol., sont le produit de 60,608 hectares.

Ainsi, en résumant les articles qui précèdent, nous trouvons qu'ils donnent lieu à la culture de 209,693 hectares.

Il est facile d'imaginer quel mouvement de travail et d'argent doit produire cette immense culture; cependant, pour mieux fixer nos idées sur son importance, nous essaierons d'évaluer en argent les denrées qu'elle fournit.

1°. 1,629,596 hectol. de froment, au prix moyen de 18 fr., représentent une somme de 29,332,728 fr. 2°. 323,610 hectol. de pommes-de-terre, à 4 fr., représentent une somme de 1,294,440. 3°. 46,000 hectol. d'orge, à 9 fr., 414,000. 4°. 871,060 hectol. d'avoine, à 6 fr., 5,226,360. 5°. 8,203,340 bottes de foin et luzerne, à 20 fr. le cent, 1,640,300. 6°. 1,090,940 hectol. de vin, à 18 fr., en compensant les qualités supérieures par les inférieures, 19,636,920. Aux sommes ci-dessus, il faut ajouter la valeur de 24,950 hectol. de cidre à chacun desquels nous assignerons une valeur de 6 fr., 149,500, et de 10,433,740 bottes de paille de 5 kilogr. auxquelles nous attribuons la moitié de la valeur du foin, 1,043,370.

Passons maintenant aux comestibles autres que les substances farineuses.

Année moyenne sur 10, il se débite par les bouchèrs de Paris :

1°. 71,750 bœufs, tous achetés aux marchés de Sceaux et de Poissy, au prix moyen de 314 fr. 87 c., dont il nous paraît convenable de retrancher le tiers pour les frais de transport et les bénéfices des marchands : Ainsi nous ne porterons chaque tête que pour la somme de 20,991 ou 210 pour la facilité du calcul : Cet article représente ainsi pour les premiers vendeurs, une somme de 15,067,500 fr.

Il se consomme 8,500 vaches, la plupart fournies par les environs de Paris, au prix moyen de 184 fr., 1,564,000.

76,500 veaux, fournis par le voisinage de Paris, au prix moyen de 67 fr., représentent la somme de 5,125,500 fr.

339,650 moutons, au prix moyen de 22 fr., représentent la somme de 7,472,300 fr.

Indépendamment de la viande vendue par les bouchers, il se vend à divers étalages 598,400 kilog. de ce qu'on nomme viande à la main. Ne pouvant distinguer le nombre d'individus de chacune des espèces auxquelles cette viande appartient, nous la rapportons toute au bœuf, et nous trouvons qu'elle en représente 2,695 $\frac{1}{3}$, lesquels, au prix établi ci-dessus, donnent la somme de 566,055.

L'on sera peut-être bien aise d'apprendre que l'arrivage des bestiaux de toute espèce aux marchés de Sceaux et de Poissy, est année moyenne de 101,425 bœufs ; de 7,022 vaches ; de 78,237 veaux ; et de 414,560 moutons : que les bœufs sont fournis dans les proportions suivantes, savoir : par la Lorraine, 600 ; par l'Alsace, 300 ; par la Franche-Comté, 800 ; par la Bourgogne, Bresse, Bugey, 1,400 ; par la Normandie, 44,000 ; par la Bretagne, 300 ; par le Poitou, 5,100 ; par Angoumois, Saintonge et Aunis, 3,200 ; par la Gascogne et le Périgord, 1,000 ; par l'Ile-de-France et Soissonnais, 200 ; par le Nivernais, 2,600 ; par le Bourbonnais et l'Auvergne, 2,500 ; par la Marche, 17,000 ; par le Berry, 2,000 ; par Orléanais et Touraine, 3,000 ; par le Maine et l'Anjou, 14,000 ; par la rive droite du Rhin, 41,000 ; par la Suisse, 100 ; par les Pays-Bas, 100.

La Lorraine fournit 1,400 moutons ; l'Alsace, 8,000 ; la Champagne, 1,200 ; Artois et Picardie, 52,000 ; Flandre, 14,000 ; Normandie, 90,800 ; Bretagne, 600 ; Poitou, 10,000 ; Ile-de-France et Soissonnais, 100,000 ; Limousin, 4,000 ; Berry, 3,000 ;

Orléanais et Touraine, 36,000; Maine, Anjou, 26,000; rive droite du Rhin, 12,000; Suisse, 3,000; Pays-Bas, 28,000.

Les autres objets de consommation qui ont un rapport direct avec l'agriculture sont les chevaux, que nous sommes forcés de laisser ici pour mémoire.

La volaille, qui en 1811 se composait de 931,000 pigeons que nous estimons à 0,25 c. la pièce, 232,750; — 174,000 canards, à 0,75 c., 230,500; — 1,289,000 poulets, au prix des canards, 966,950; — 251,000 chapons, poulardes, à 2 fr., 502,000; — 549,000 dindons, à 2 fr., 1,098,000; — 328,000 oies, à 2 fr., 656,000; — 1,016,692 kilog. de fromages secs, à 0,80 c., 813,353 fr. 60 c.; — beurre, estimation moyenne des années 1819, 20, 21, 7,373,605 fr.; — œufs, même estimation, 3,707,447; — huile d'olive, 6,228 hectol., à 200 fr., 1,245,600; — huiles de graines, 43,532 hectol., à 80 fr., 3,482,560; — bois dur à brûler, 852,200 stèr., à 5 fr., 4,264,000; — bois blanc, 113,868 stèr., à 2 fr. 50 c., 284,670; — fagots de toute espèce, 3,931,694, pour mémoire; — charbon de bois, pour mémoire; — charpente, 24,400 stèr., pour mémoire. — Valeur totale en argent 123,287,708 fr.

Toutes ces évaluations ne sont, comme on l'a dit, que de simples aperçus que chacun pourra modifier à sa manière; et à défaut d'élémens, nous avons laissé pour mémoire plusieurs articles importans; mais il résulte incontestablement des faits exposés, que la ville de Paris fournit chaque année à l'agriculture française, et un peu à l'agriculture étrangère, un capital de plus de 123 millions. CAVOLEAU.

TABLEAU COMPARATIF

DES CONSOMMATIONS INDUSTRIELLES DE PARIS,

EN 1789 ET 1817.

(Extrait des *Recherches sur les consommations de tout genre de la ville de Paris, en* 1817; par M. BENOISTON DE CHATEAUNEUF. 2 vol. in-8º. de 109 et 168 p., Paris, 1821. *Voy.* le Bulletin Vᵉ. Section. Novembre 1824.)

———————

Les arts ont fait ces 3o dernières années des progrès rapides. La consommation s'est étendue, la fabrication est devenue plus prompte, plus active, et moins coûteuse. Ces deux circonstances s'aidant, se modifiant entre elles, il en est résulté une extension d'industrie et de travail dont le tableau n'est pas sans intérêt. Il eût été curieux de pouvoir assigner avec les produits de chaque branche le nombre d'individus qu'elle occupe; mais ces recherches, qui sortaient d'ailleurs du but que se proposait l'auteur, sont enveloppées de difficultés. Le champ de l'industrie est ouvert, chacun l'exploite sans sujétion, sans contrôle, et l'on est réduit à évaluer les bras qui travaillent par le travail même qu'ils ont fait. Mais tel qu'il est, le tableau que nous empruntons à M. Benoiston ne peut manquer d'être bien accueilli; il indique ce qu'était la fabrication en 1789, et ce qu'elle est aujourd'hui; on ne trouvera pas assurément qu'elle est restée stationnaire.

TABLEAU COMPARATIF

Des consommations de Paris pendant les années 1789 et 1817.

Consommation industrielle.

En 1789, d'après les tableaux de Lavoisier. Population... 600.000 habitans.			En 1817, d'après de nouveaux renseignemens. Population.... 714,000 habitans.		
MARCHANDISES.	Quantités.	Valeurs.	MARCHANDISES.	Quantités	Valeurs.
Objets d'habillement, modes et parures.		liv.	*Objets d'habillement, modes et parures.*		fr.
Draps.....	8,000,000		Draps.............		10,000,000
Étoffes en laine.	5,000,000		Étoffes de laines.........		4.000,000
		»	Façons des habits.........		2,000,000
Soierie.....	5,000,000		Soierie...........		2,500,000
Toiles.....	12,000,000		Toiles de chanvre, batistes, calicots, perkales.		15,000,000
		»	Façons de robes.........		1,000,000
		»	Bonneterie de soie, coton, laine, rouennerie...........		6,700,000
		»	Chapellerie.........		3,500,000
		»	Cordonnerie.........		12,600,000
Merceries....	4,000,000		Mercerie.........		2,800,000
		»	Fourrures et pelleterie.......		800,000
		»	Plumes et fleurs.........		1,500,000
		»	Parfumerie, ganterie....		3,000,000
		»	Faux cheveux, perruques...		2,000,000
		»	Modes, passementeries, rubans.		2,000,000
		»	Blanchissage.........		2,500,000
Total...		34,000,000	Total....		71,000,000
Objets d'arts et métiers.			*Objets d'arts et métiers.*		
		»	Orfèvrerie et bijouterie.....		2,000,000
		»	Horlogerie.........		1,500,000
		»	Ébénisterie.........		3,000,000
		»	Tableterie.........		1,400,000
		»	Instrumens de musique.....		1,000,000
		»	Bronzes dorés.........		600,000
Quincaillerie.	4,000,000		Quincaillerie.........		3,000,000
		»	Coutellerie.........		700,000
Fer......	8,000,000 de liv.	1,600,000	Serrurerie.........		1,500,000
		»	Armurerie.........		300,000
		»	Sellerie, carosserie, voitures de toute espèce(400 à 2,000 f.).		800,000
		»	Maréchallerie.........		1.848,000
Papier.....	600,000 rames.	10,000,000	Papeterie, papier à écrire...		1,200,000
			Papier d'impression.......	268,000	2,948,000
		»	Imprimerie.........	r. à 11 f.	3,000,000
		»	Librairie, reliûre.......		1,400,000
A reporter.		15,600,000	A reporter..		26,196,000

En 1789, d'après les tableaux de Lavoisier. Population... 600,000 habitans.			En 1817, d'après de nouveaux renseignemens. Population.... 714,000 habitans.		
MARCHANDISES.	Quantités.	Valeurs.	MARCHANDISES.	Quantités.	VALEURS.
		liv.			fr.
Report. .		15,000,000	Report. . . .		26,196,000
		»	Imprimerie en taille douce, gravures, estampes.		1,000,000
		»	Papiers peints.		1,600,000
		»	Porcelaines		2,500,000
		»	Cristaux, verrerie.		1,200,000
		»	Faïence et poterie.		1,500,000
Cuivre	450,000	450,000	Instrumens d'optique.		500,000
Etain	3,200,000	960,000	Chaudronnerie		1,000,000
Plomb.	350,000	350,000	Poterie d'étain		300,000
Total. .		17,360,000	Total. . . .		35,706,000
Dépenses diverses.			Dépenses diverses.		
Loyers		60,000,000	Loyers.		54,000,000
Matériaux de constructions.		4,000,000	Réparation et construction de maisons.		16,000,000
		»	Spectacles.		6,000,000
		»	Frais de procédure et de justice.		8,250,000
			Pensions des enfans dans les colléges, écoles.		6,502,000
		»	Poste aux lettres		3,650,000
		»	Journaux		2,500,000
		»	Voitures de place.		6,876,000
		»	Jeux.		24,000,000
		»	Loteries		25,000,000
		»	Filles publiques.		300,000
		»	Médecins, chirurgiens		3,000,000
		»	Eaux minérales		600,000
		»	Bains publics		320,000
		»	Chaises des églises et promenades.		300,000
		»	Contributions de toute espèce.		33,202,000
		»	Droits de toute espèce sur les voitures, cartes, jeux, etc. .		17,500,000
		»	Pompes funèbres.		1,000,000
Articles omis. .		6,867,000	Articles omis		7,000,000
		»	Et pour arriver à une somme ronde.		500,000
Total. .		70,867,000	Total. . . .		217,000,000

RÉCAPITULATION.				
	fr.			fr.
Objets d'habillement.	34,000,000	Objets d'habillement		71,900,000
Objets d'arts et métiers	17,360,000	Objets d'arts et métiers		35,796,000
Dépenses diverses	70,867,000	Dépenses diverses		217,000,000
Total de la consommation industrielle . . .	122,227,000	Total de la consommation industrielle . . .		324,696,000

FIN.

www.ingramcontent.com/pod-product-compliance
Lightning Source LLC
Chambersburg PA
CBHW071007280326
41934CB00009B/2203